三维数字化建模项目教程

主　编　徐广晨
副主编　陈思思　王漫潼　白春聪

北京理工大学出版社
BEIJING INSTITUTE OF TECHNOLOGY PRESS

内 容 简 介

依据计算机辅助设计与制造特点，本书分为 25 个项目，具体内容包括：SolidWorks 应用基础、盖板二维图、垫片二维图、压板二维图、端盖建模、阶梯轴建模、支架建模、管接头建模、手轮建模、扇叶建模、锤头建模、圆柱凸轮建模、箱体建模、螺栓建模、参数化齿轮建模、槽扣钣金建模、风扇支架钣金建模、方形座架焊件建模、阶梯轴工程图、台虎钳装配体工程图、滑轮座装配体、台虎钳装配体、凸轮机构运动仿真、夹紧机构模拟仿真、托架有限元分析。本书附录为 3 个思政案例。本书可作为高等院校机械制造及其自动化、机械工艺技术、机械电子工程等专业的 CAD/CAM 教材，也适合应用 SolidWorks 软件进行产品开发和研究的工程技术人员及相关培训机构使用。

图书在版编目（CIP）数据

三维数字化建模项目教程 / 徐广晨主编. -- 北京：
北京理工大学出版社，2024.1
ISBN 978-7-5763-3562-0

Ⅰ.①三… Ⅱ.①徐… Ⅲ.①三维动画软件-教材
Ⅳ.①TP391.414

中国国家版本馆 CIP 数据核字（2024）第 045462 号

责任编辑：江　立　　　**文案编辑**：李　硕
责任校对：刘亚男　　　**责任印制**：李志强

出版发行 / 北京理工大学出版社有限责任公司
社　　址 / 北京市丰台区四合庄路 6 号
邮　　编 / 100070
电　　话 / （010）68914026（教材售后服务热线）
　　　　　　　（010）68944437（课件资源服务热线）
网　　址 / http://www.bitpress.com.cn

版 印 次 / 2024 年 1 月第 1 版第 1 次印刷
印　　刷 / 河北盛世彩捷印刷有限公司
开　　本 / 787 mm×1092 mm　1/16
印　　张 / 22.25
字　　数 / 522 千字
定　　价 / 88.00 元

前　言

SolidWorks 软件是美国 SolidWorks 公司推出的三维专业软件，广泛应用于航天、汽车、模具、工业设计、玩具等行业，是目前主流的大型 CAD/CAM/CAE 软件之一。本书基于"项目引领、任务驱动"的项目化教学方式编写而成，每个项目案例均来自企业工程实践，具有典型性、实用性和可操作性，让学生在做中学、在学中做，体现了以学生为主体、以教师为主导的项目导向和任务驱动的项目教学法。

依据计算机辅助设计与制造特点，本书分为 25 个项目，具体内容包括：SolidWorks 应用基础、盖板二维图、垫片二维图、压板二维图、端盖建模、阶梯轴建模、支架建模、管接头建模、手轮建模、扇叶建模、锤头建模、圆柱凸轮建模、箱体建模、螺栓建模、参数化齿轮建模、槽扣钣金建模、风扇支架钣金建模、方形座架焊件建模、阶梯轴工程图、台虎钳装配体工程图、滑轮座装配体、台虎钳装配体、凸轮机构运动仿真、夹紧机构模拟仿真、托架有限元分析。本书附录为 3 个思政案例。本书可作为高等院校机械制造及其自动化、机械工艺技术、机械电子工程等专业的 CAD/CAM 教材，也适合应用 SolidWorks 软件进行产品开发和研究的工程技术人员及相关培训机构使用。

本书为辽宁省一流本科课程"三维数字化建模"的配套教材，读者可以扫右边的二维码关注"三维数字化建模精品课"公众号，下载 SolidWorks 软件及相关模型，以提高学习效率。

扫一扫观看建模视频

本书由营口理工学院徐广晨任主编，陈思思、王漫潼、白春聪任副主编。编写分工如下：徐广晨编写项目 2~18；陈思思编写项目 1、项目 19~22；王漫潼编写项目 23~25、案例 1；白春聪编写案例 2、案例 3。全书由徐广晨负责统稿。

由于编者水平有限，编写时间仓促，书中难免存在疏漏及不当之处，恳切希望广大读者给予批评指正。

编　者

目 录

项目 1
SolidWorks 应用基础

1.1 学习目标

1.1.1 知识目标

(1)了解 SolidWorks 的基本功能。
(2)了解 SolidWorks 常用的基本术语。
(3)熟悉 SolidWorks 的用户界面。
(4)掌握 SolidWorks 作图环境的设置。

1.1.2 能力目标

(1)掌握 SolidWorks 中命令管理器的使用技巧。
(2)掌握 SolidWorks 中属性管理器的使用技巧。
(3)掌握 SolidWorks 中鼠标的使用技巧。

1.1.3 素质目标

(1)培养善于观察、思考的习惯。
(2)培养手动操作的能力。
(3)培养团队协作、共同解决问题的能力。

1.2 SolidWorks 的新功能

SolidWorks 是功能强大的计算机辅助设计(Computer Aided Design, CAD)软件,是美国 SolidWorks 公司开发的基于 Windows 操作系统的设计软件。SolidWorks 给设计者提供不同的设计方法,减少设计过程中的错误以及提高产品质量。在提供强大功能的同时,其也注重保持软件操作简捷、易学易用的风格。SolidWorks 是国际上领先的、主流的三维机械 CAD 软件。

SolidWorks 自 1995 年问世以来，以其优异的性能、易用性和创新性，极大地提高了机械设计工程师的设计效率，在与同类软件的激烈竞争中已经确立了其市场地位，成为三维机械设计软件的标杆之一。

SolidWorks 可提供由现有二维数据建立二维模型的强大转换工具。一方面，SolidWorks 能够直接读取 DWG 格式的文件，在人工干预下，将 AutoCAD 的图形转换成 SolidWorks 三维实体模型。另一方面，对于熟悉 Windows 的用户 SolidWorks 特别易懂易用。只要符合 Windows 标准的应用软件，都可以集成到 SolidWorks 软件，从而为用户提供一体化的解决方案。

SolidWorks 2018 经过重新设计，其功能相对于前面的版本有如下更新或者改进。

（1）程序界面与云程序界面保持一致，云程序的一些功能被移植到本地程序中，甚至连工具图标和坐标轴都开始统一，其目的是保持用户的操作习惯。

（2）增加了 3D 打印预览和设置模型的打印比例，进一步支持 3D 打印，用户可以轻易地打印美观的 3D 文件。

（3）不再支持 Workgroup PDM，而是用 SolidWorks PDM 标准版取而代之，方便管理。

（4）加强了 SolidWorks 官方社区与 SolidWorks 程序的联系，提升了 3D Content Central 功能，该功能已针对用户和供应商社区进行重新设计。

1.3 常见术语

1）特征

正如装配体由多个独立零件组成一样，SolidWorks 中的模型是由许多单独的元素组成的，这些元素被称为特征。

在进行零件或装配体建模时，SolidWorks 使用智能化的、易于理解的几何体（如凸台、切除、孔、肋、圆角、倒角和拔模等）创建特征，特征被创建后可以直接应用于零件中。

SolidWorks 中的特征可以分为草图特征和应用特征。

（1）草图特征：基于二维草图的特征，通常该草图可以通过拉伸、旋转、扫描或放样转换为实体。

（2）应用特征：直接创建于实体模型上的特征。例如，圆角和倒角就是这种类型的特征。

SolidWorks 在一个被称为特征管理器（Feature Manager）设计树的特殊窗口中显示模型的特征结构。特征管理器设计树不仅可以显示特征被创建的顺序，而且可以使用户很容易得到所有特征的相关信息。

举例说明基于特征建模的概念。零件可以看成几个不同特征的组合，一些特征是增加材料的，如圆柱体凸台，如图 1-1 所示；一些特征是去除材料的，如不通孔，如图 1-2 所示。

图 1-1　圆柱体凸台

图 1-2　不通孔

2）参数化

参数化用于创建特征的尺寸与几何关系，可以被记录并保存于设计模型中。这不仅可以使模型充分体现设计者的设计意图，而且能够快速简单地修改模型。

（1）驱动尺寸。驱动尺寸是指创建特征时所用的尺寸，包括与绘制几何体相关的尺寸和与特征自身相关的尺寸。圆柱体凸台特征就是这样一个简单的例子。凸台的直径由草图中圆的直径来控制，凸台的高度由创建特征时拉伸的深度来决定。

（2）几何关系。几何关系是指草图几何体之间的平行、相切和同心等信息。以前这类信息是通过特征控制符号在工程图中表示的。通过草图几何关系，SolidWorks 可以在模型设计中完全体现设计意图。

3）实体建模

实体模型是 CAD 系统中所使用最完整的几何模型类型。它包含了完整描述模型的边和表面所必需的所有线框和表面信息。除了几何信息，它还包括把这些几何体关联到一起的拓扑信息，如哪些面相交于哪条边（曲线）。这种智能信息使一些操作变得很简单，如圆角过渡，只需选一条边并指定圆角半径值就可以完成。

4）全相关

SolidWorks 模型与它的工程图及参考它的装配体是全相关的。对模型的修改会自动反映到与之相关的工程图和装配体中。同样，对工程图和装配体的修改也会自动反映在模型中。

5）约束

SolidWorks 支持如平行、垂直、水平、竖直、同心和重合等几何约束关系。此外，还可以使用方程式来创建参数之间的数学关系。通过使用约束和方程式，设计者可以保证设计过程中实现和维持如"通孔"或"等半径"之类的设计意图。

6）设计意图

设计意图是指关于模型改变后如何表现的规划。

1.4　建模方法

在设计建模过程中特征的选择和建模的方法很重要。例如，图 1-3 所示的阶梯轴就有多种建模方法。

图1-3　阶梯轴

（1）层叠蛋糕法。用层叠蛋糕方法创建这个零件，如图 1-4 所示，一次创建一层，后面一层在前一层的基础上建立。如果改变了某一层的厚度，在其基础上创建的后面的层的位置也将随之改变。

（2）制陶转盘法。制陶转盘法以一个简单的旋转特征创建零件，如图1-5所示。单个草图表示一个截面，它包含了在一个特征里完成该零件建模所必需的所有信息及尺寸。尽管这种方法看上去很有效，但是大量的设计信息包含在单个特征中，限制了模型的灵活性而且修改时很麻烦。

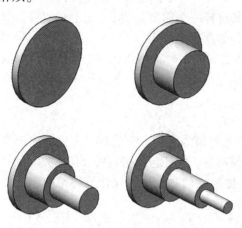

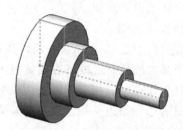

图1-4　层叠蛋糕法　　　　　　　　　　图1-5　制陶转盘法

（3）制造法。制造法是通过模拟零件加工时的方法来建模的，如图1-6所示。例如，当阶梯轴在车床上旋转时，在设计上可以考虑从一个棒料开始建模，并通过一系列的切割来去除不需要的材料。

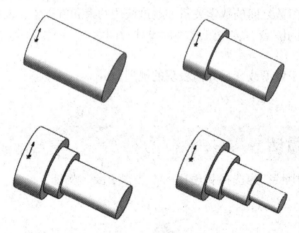

图1-6　制造法

在判断到底应该使用哪种方法时，并没有标准答案。SolidWorks具有极大的灵活性，用户可以相对简单地更改模型。用户按照自己的设计意图可以得到精心布局的文档，这些文档易于修改和重用，使用户的工作更加轻松。

1.5　SolidWorks 用户界面

SolidWorks用户界面完全采用Windows界面风格，和其他Windows应用程序的操作方法一样，下面介绍 SolidWorks 用户界面的布局。图 1-7 所示是一个典型的 SolidWorks 零件设计界面，界面包括了菜单栏、常用工具栏、命令管理器、管理器窗口、前导视图工具栏、绘图建模工作区、任务窗口及状态栏，下面分别进行介绍。

图 1-7　SolidWorks 零件设计界面

1.5.1　菜单栏

菜单栏位于 SolidWorks 零件设计界面的最上方，默认为动态的菜单，不同的操作状态会出现不同的菜单命令，最右边有一个图钉一样的按钮 ✦，单击变为 ✦，可以使菜单栏固定，如图 1-8 所示。

图 1-8　菜单栏

1.5.2　常用工具栏

常用工具栏位于菜单栏右边，包括"新建""打开"和"保存"等文件操作常用按钮，如图 1-9 所示。

图 1-9　常用工具栏

1.5.3　命令管理器

命令管理器如图 1-10 所示，集合了"特征""草图""评估""DimXpert""SOLIDWORKS 插件"和"SOLIDWORKS MBD"等命令选项卡。同样，这些命令选项卡也是动态变化的，不同的功能界面会有不同的命令选项卡。可以在命令选项卡上右击，添加或者关闭命令选项卡，如图 1-11 所示。

图 1-10　命令管理器

图 1-11　调整命令选项卡

1.5.4　管理器窗口

管理器窗口位于 SolidWorks 零件设计界面的左边，包括"特征管理器""属性管理器""配置管理器""公差管理器"和"外观管理器"5 个选项卡，分别管理不同的内容。其界面如图 1-12~图 1-16 所示。

图 1-12　"特征管理器"选项卡　　图 1-13　"属性管理器"选项卡　　图 1-14　"配置管理器"选项卡

图 1-15　"公差管理器"选项卡　　图 1-16　"外观管理器"选项卡

1.5.5　前导视图工具栏

前导视图工具栏提供了快捷的视图操作方法，如"放大视图""定位特定方向的视图"等操作按钮，如图 1-17 所示。

图 1-17　前导视图工具栏

1.5.6　绘图建模工作区

绘图建模工作区位于 SolidWorks 零件设计界面中间，占据大部分窗口，所有建模等操作都在该区域完成。

1.5.7　任务窗口

任务窗口位于 SolidWorks 零件设计界面右边，提供"SOLIDWORKS 资源""设计库""文件搜索器""查看调色板"以及"外观布景"等多个面板，如图 1-18 所示。

图 1-18　"SOLIDWORKS 资源"面板

1.5.8　状态栏

状态栏在 SolidWorks 零件设计界面的右下方，可以提供正在执行的操作的建议、错误提示等内容，如图 1-19 所示。

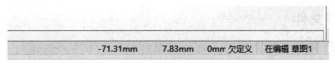

图 1-19　状态栏

1.6 鼠标的使用

在 SolidWorks 中，鼠标的左键、右键和中键有不同的意义，如图 1-20 所示。

（1）左键：用于选择对象，如几何体、菜单按钮和特征管理器设计树中的内容。

（2）右键：用于激活关联的快捷键菜单，如图 1-21 所示。快捷键菜单列表中的内容取决于光标所处的位置，其中也包含常用的命令菜单。

在快捷键菜单顶部是右击时弹出的关联工具栏，它包含最常用的命令图标。关联工具栏下面是下拉式菜单，它包含其他前后相关的一些命令。

（3）中键：用于动态地旋转、平移和缩放零件或装配体，平移工程图。

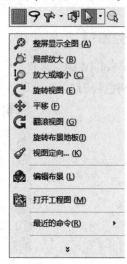

图 1-20　鼠标的按键　　　　图 1-21　快捷键菜单

🔧 工程师提示

在工程图操作环境下，鼠标中键只有"缩放"和"平移"功能可以使用。

1.7 常用文件操作

文件操作是 SolidWorks 中最基础的操作，也是最重要的操作，包括新建、打开、保存等。

1.7.1 新建文件

进入 SolidWorks 零件设计界面后，单击菜单栏的"文件"—"新建"，弹出"新建 SOLID-WORKS 文件"对话框，如图 1-22 所示。可以新建三种文件，分别是零件、装配体和工程图。

图 1-22　"新建 SOLIDWORKS 文件"对话框①

零件为单一设计零部件的 3D 展面；装配体为零件和/或其他装配体的 3D 排列；工程图为 3D 工程制图，通常属于零件或装配体。用户根据自己的需要选择相应的图标再单击"确定"按钮就可进入相应的操作界面。

🔧 工程师提示

第一次启动 SolidWorks 并新建模型文件时，通常还会弹出"单位和尺寸标准"对话框，在其中可以设置系统使用的初始单位和尺寸标准。通常只需保持系统默认，单击"确定"按钮即可。

1.7.2　打开文件

进入 SolidWorks 零件设计界面后，单击菜单栏的"文件"—"打开"，弹出"打开"对话框，如图 1-23 所示。从图中可以看出，SolidWorks 可以打开多种格式的文件，如 DWG、IGES 及 STL 等格式的文件。

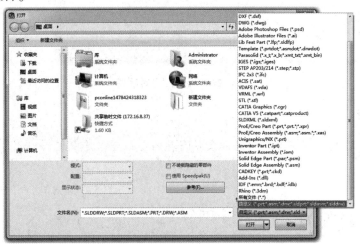

图 1-23　"打开"对话框

---

① 图中"其它"的正确表述为"其他"，余同。

工程师提示

　　SolidWorks 也可导入其他工程软件(如 AutoCAD、Pro/E、UG 等)制作的模型文件，只需在打开文件时，在"打开"对话框的"文件类型"下拉列表框中选择相应的文件类型即可。
　　如果出现无法导入文件的情况，可先在 Pro/E 等软件中将文件导出为 STEP 文件格式，然后在此菜单中选择相关选项将其导入。STEP 文件格式是国际标准化组织(International Standards Organization，ISO)所属的工业自动化系统技术委员会制定的 CAD 数据交换标准，大多数工业设计软件都支持该格式。

1.7.3　保存文件

　　进入 SolidWorks 零件设计界面后，单击菜单栏的"文件"—"保存"，弹出"另存为"对话框，如图 1-24 所示。从图中可以看出，SolidWorks 可以将用户设计的模型保存成多种格式，如 DWG、IGES 及 STL 等格式。

图 1-24　"另存为"对话框

工程师提示

　　在 SolidWorks 中，保存的文件名和文件保存的路径可以是中文。

1.8　快捷操作

　　SolidWorks 指定快捷键的方式与标准 Windows 软件一致。例如，快捷键〈Ctrl+O〉打开文件，快捷键〈Ctrl+S〉保存文件，快捷键〈Ctrl+Z〉编辑文件。此外，用户也可以定制自己的快捷键。SolidWorks 默认的快捷键如表 1-1 所示。

表 1-1　SolidWoks 默认的快捷键

快捷键	功能说明	快捷键	功能说明
方向键	水平或竖直旋转	Ctrl+5	上视
Shift+方向键	水平或竖直旋转 90°	Ctrl+7	等轴测
Alt+左/右方向键	围绕中心旋转	Ctrl+8	正视于
Ctrl+方向键	平移	空格键	视图定向对话框
Shift+Z	动态放大/缩小	F5	切换选择过滤器工具栏
F	整屏显示	F6	切换选择过滤器
Ctrl+Shift+Z	上一视图	E	过滤边线
Ctrl+1	前视	V	过滤顶点
Ctrl+3	左视	W	过滤面

1.9　用户化定制

1.9.1　工具栏定制

将光标移到任一命令按钮处，右击，弹出如图 1-25 所示的快捷菜单，选择想要调用的工具栏即可。

此外，也可以单击菜单栏的"工具"—"自定义"，弹出"自定义"对话框，如图 1-26 所示，在"工具栏"选项卡中选择需要调用的工具栏。

图 1-25　工具栏定制快捷菜单　　　　图 1-26　"自定义"对话框

切换到"命令"选项卡，在左侧的"类别"列表框选择需要加载的命令所属的工具栏，在右侧的"按钮"选项区就会出现对应的工具栏包含的所有命令按钮。将光标移至要加载的命令按钮处，按住左键拖动到用户界面中对应工具栏的适当位置后松开即可。

1.9.2　选项设定

系统选项保存在注册表中，它不是文档的一部分，对系统选项的更改会影响当前和将来的所有文件。

选择常用工具栏中的 ⚙，单击其下拉菜单中的"选项"按钮，弹出如图 1-27 所示的"系统选项"对话框，对 Solidworks 进行设置。

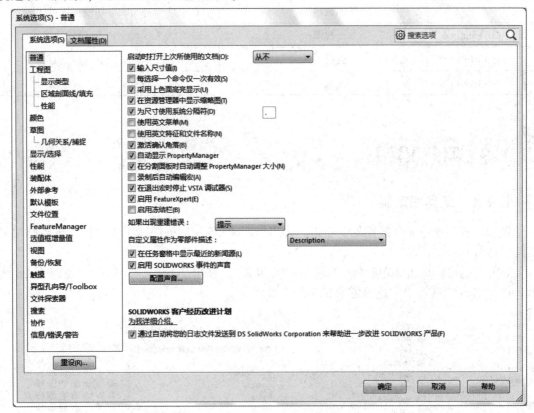

图 1-27　"系统选项"对话框

1.10　项目总结

本项目主要介绍了 SolidWorks 的一些入门基础知识，包括 SolidWorks 简介、基本设计概念、用户界面、文件基本操作、模型视图控制等。读者在学完本项目内容后，应重点掌握如下知识。

（1）掌握 SolidWorks 的文件基本操作。例如，创建文件，打开文件，选取工作目录，保存、备份文件，关闭窗口，删除文件，重命名文件和退出 SolidWorks。

注意：保存文件时会产生版本信息。

（2）使用 SolidWorks 进行三维模型设计时，必须掌握控制模型视图的操作，包括了解"视图"菜单及"视图"工具栏，调整模型视图，重定向模型视图，设置模型显示和设置基准显示。用户在学习这些内容时，关键要注意它们的使用技巧。

总之，熟练掌握本项目知识，对深入、系统地学习 SolidWorks 三维建模知识是很有帮助的。

项目 2
盖板二维图

2.1 学习目标

2.1.1 知识目标

(1)熟悉草图环境。
(2)掌握直线、矩形等草绘工具的使用方法。
(3)掌握圆、圆弧和圆角等草绘工具的使用方法。
(4)掌握尺寸修改、对称约束、镜向等草绘工具的使用方法。

扫一扫观看建模视频

2.1.2 能力目标

(1)具有正确识读给定的二维图纸的能力。
(2)具有确定二维图绘图顺序的能力。
(3)具有运用草图命令绘制给定的二维图的能力。
(4)具有运用相应草图命令举一反三的能力。

2.1.3 素质目标

(1)培养善于观察、思考的习惯。
(2)培养手动操作的能力。
(3)培养团队协作、共同解决问题的能力。

2.2 项目展示

图2-1为盖板的二维及三维图,试根据该图纸内容绘制盖板的二维图。

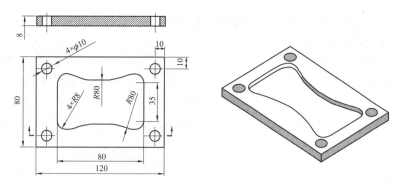

图2-1 盖板的二维及三维图

2.3 项目分析

2.3.1 零件背景

盖板的材料是铸铁，毛坯是铸件。盖板的作用是防尘、防油、密封、固定、连接支撑等。

2.3.2 结构分析

本项目中的二维图由于其形状比较规则，又含有较多对称的孔结构，绘制时可按下列步骤进行：

(1)绘制外轮廓矩形；

(2)绘制内轮廓；

(3)绘制孔和镜向孔。

2.4 项目实施

步骤1 新建零件。单击"新建"按钮，在弹出的"新建 SOLIDWORKS 文件"对话框中选择"零件"模板，单击"确定"按钮。选择"前视基准面"，在该基准平面上开始绘图。

步骤2 绘制中心线。单击"直线"下拉按钮 ╱ 中的"中心线"按钮 ╱，从坐标原点开始绘制，如图2-2所示。

⚒ **工程师提示**

进入草绘模式后，如草绘面非正视，可右击左侧模型树中的草绘面，在弹出的快捷菜单中单击"正视于"按钮 ↓，将草绘面调整为正视图，以方便绘制图形。

步骤3 绘制其他图元。单击"矩形"按钮 ▢ 绘制矩形，再单击"中心矩形"按钮 ▣，绘制中心矩形，如图2-3所示；单击"圆形"按钮 ⊙ 绘制圆形，如图2-4所示。

步骤 4　镜向圆形实体。单击"镜向实体"按钮 ⺲，在"要镜向的实体"选项区中选择要镜向的圆形 ⚠ 圆弧1 ，在"镜向点"选项区中选择镜向垂直中心线 镜向点: 直线2 ，绘制圆形的镜向实体，如图 2-5 所示。同理，再次选择两个圆形及水平中心线进行镜向，如图 2-6 所示。

步骤 5　绘制圆弧。单击"圆弧"按钮 ⌒，再单击"3 点圆弧"按钮 ⌒，绘制圆弧，如图 2-7 所示。

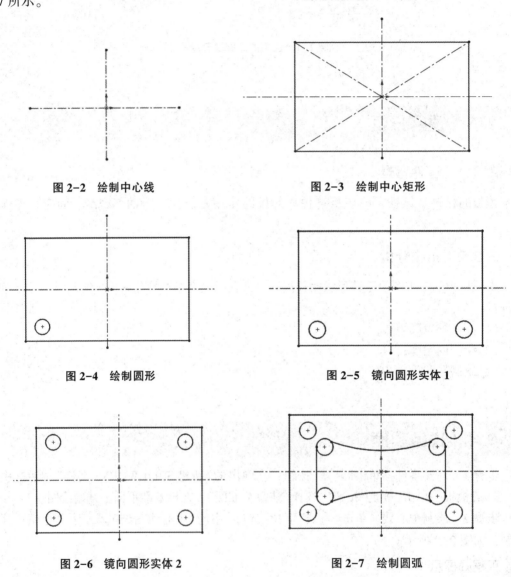

图 2-2　绘制中心线　　　　　　　　　　图 2-3　绘制中心矩形

图 2-4　绘制圆形　　　　　　　　　　图 2-5　镜向圆形实体 1

图 2-6　镜向圆形实体 2　　　　　　　　图 2-7　绘制圆弧

步骤 6　添加约束关系。单击"显示/删除几何关系"按钮 显示/删除 几何关系，再单击"添加几何关系"按钮 ⊥，分别选择圆和圆弧，添加"相切"的几何关系，如图 2-8 所示。

步骤 7　添加几何尺寸。单击"智能尺寸"按钮 智能尺寸，标注并修改尺寸，如图 2-9 所示。

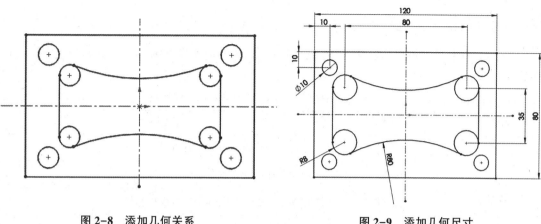

图 2-8　添加几何关系　　　　　　　　　图 2-9　添加几何尺寸

步骤 8　剪裁草图。单击"剪裁实体"按钮 ，再单击"强劲剪裁"按钮 进行草图剪裁，把不需要的圆弧剪裁掉，如图 2-10 所示。

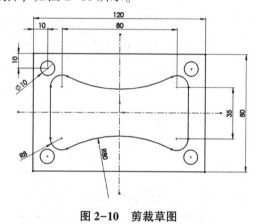

图 2-10　剪裁草图

步骤 9　保存草图。单击右上角 按钮结束绘制，再单击"保存"按钮保存草图。

2.5　项目拓展

SolidWorks 提供了"草图"命令管理器，如图 2-11 所示，能为用户提供草图绘制和修改的功能(图标右边有小三角形 ，说明该图标下面有其他同类型的命令)。草图不但能反映设计者的设计意图，而且具有很好的可修改性，是实体建模的基础，因此草图绘制很重要。

图 2-11　"草图"命令管理器

2.5.1 草图绘制命令

表2-1列出了 SolidWorks 在草图工具栏中提供的基本草图绘制工具的按钮及其功能说明。

表 2-1　基本草图绘制工具的按钮及其功能说明

按钮	功能	功能说明
⟋	直线	以起点、终点的方式绘制直线
▢	矩形	以对角线的起点和终点绘制矩形
⊙⊙	直槽口	以给定槽的中心距和槽的半径绘制槽
⊙	圆	以给定圆心和半径绘制圆形
⌒	圆弧	以给定圆心和半径及起始角绘制圆弧
Ｎ	样条曲线	绘制自由的样条曲线
⬭	椭圆	以给定圆心和长短半轴绘制椭圆
⌐	圆角	以给定半径绘制圆角
⬡	多边形	以给定中心点、边数及相切圆的半径绘制多边形
▪	点	绘制一个点
𝔸	文字	书写文字

2.5.2 草图编辑命令

表2-2列出了 SolidWorks 在草图工具栏提供的基本草图编辑工具的按钮及其功能说明。

表 2-2　基本草图编辑工具的按钮及其功能说明

按钮	功能	功能说明
剪裁实体	剪裁实体	剪裁或者延伸草图实体与另一实体重合
转换实体引用	转换实体引用	将模型选中的边线转换成草图
等距实体	等距实体	通过指定距离偏移实体对象
镜向实体	镜向实体	通过镜向中心线镜向实体
线性草图阵列	阵列实体	通过矩形或者圆周方法阵列实体
移动实体	移动实体	移动或复制或旋转或缩放一个实体

2.5.3 草图尺寸的标注和修改

要标注一个草图的尺寸，只需要单击"智能尺寸"按钮 ⚡，选择要标注的图元，系统会自动识别图元的特点。比如选择圆，系统会自动在数字前加注 ϕ；如果只是线性尺寸，就只标注尺寸数字。如果要修改尺寸数字，只要双击尺寸上的数字，从弹出的"修改"对话框(图2-12)中修改相应的尺寸数据即可。

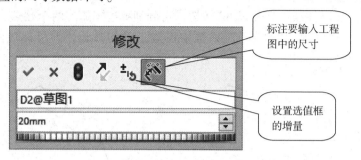

图2-12　"修改"对话框

🔧 工程师提示

可通过单击"反转尺寸方向"按钮 ↗，或在"草图尺寸"文本框中输入负值来反转尺寸的方向。

利用"智能尺寸"按钮可标注线性尺寸、角度尺寸和圆弧尺寸。

(1)线性尺寸。线性尺寸分为水平尺寸、垂直尺寸和平行尺寸三种。单击"草图"工具栏中的"智能尺寸"按钮，再单击直线，向上/下拖动光标，可拖出水平尺寸；向左/右拖动光标，可拖出垂直尺寸；沿垂直于直线的方向拖动光标，可拖出平行尺寸，如图2-13所示。

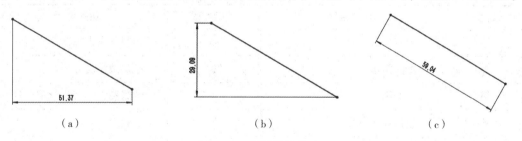

图2-13　标注线性尺寸

(a)水平尺寸；(b)垂直尺寸；(c)平行尺寸

(2)角度尺寸。单击"草图"工具栏中的"智能尺寸"按钮，再分别单击需标注角度尺寸的两条直线，移动光标并在适当位置单击即可标注角度尺寸，如图2-14(a)所示。在标注角度尺寸时，移动光标至不同的位置，可得到不同的标注形式，如图2-14(b)、(c)、(d)所示。

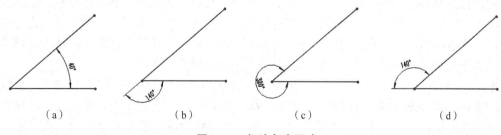

图2-14　标注角度尺寸

（3）圆弧尺寸。单击"草图"工具栏中的"智能尺寸"按钮，然后单击圆弧，移动光标拖出半径尺寸，再次单击确定尺寸的放置位置，并在弹出的"修改"对话框中设置正确的圆弧半径值，即可标注圆弧半径，如图2-15所示。

单击"草图"工具栏中的"智能尺寸"按钮，再分别单击圆弧的两个端点，然后单击圆弧，移动光标并单击，在弹出的"修改"对话框中设置正确的弧长，即可标注圆弧弧长，如图2-16所示。

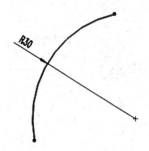

图2-15 标注圆弧半径

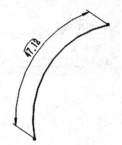

图2-16 标注圆弧弧长

2.5.4 绘图光标和锁点光标

在绘制草图实体或编辑草图实体时，光标会根据所选择的命令，在绘图时变为相应的图标，以方便用户了解所绘制或者编辑的草图。绘图光标如表2-3所示。

表2-3 绘图光标

光标类型	功能说明	光标类型	功能说明
	绘制一点		绘制直线或中心线
	绘制圆弧		绘制抛物线
	绘制圆		绘制椭圆
	绘制样条曲线		绘制矩形
	标注尺寸		绘制多边形
	剪裁实体		延伸草图实体
	圆周阵列复制草图		线性阵列复制草图

为提高绘制图形的效率，SolidWorks提供了自动判断绘图位置的功能，在执行绘图命令时，光标会在图形区自动寻找端点、中心点、圆心、交点、中点以及其上任意点，这样提高了光标定位的准确性和快速性。光标在相应的位置，会变成相应的图形，成为锁点光标。锁点光标可在草图实体上形成，也可在特征实体上形成。需要注意的是在特征实体上的锁点光标，只能在绘制平面的实体边缘产生，在其他平面的边缘不能产生。

单击"工具"下拉菜单中的"选项"按钮 ，在弹出的"系统选项"对话框选择"系统选项"—"草图"—"几何关系/捕捉"，在对话框的右侧区域中勾选所有，可以设置在创建草图过程中自动创建约束，如图2-17所示。在草图设计过程中通过系统自动创建约束，可以减少手动添加约束，从而大大提高设计效率。

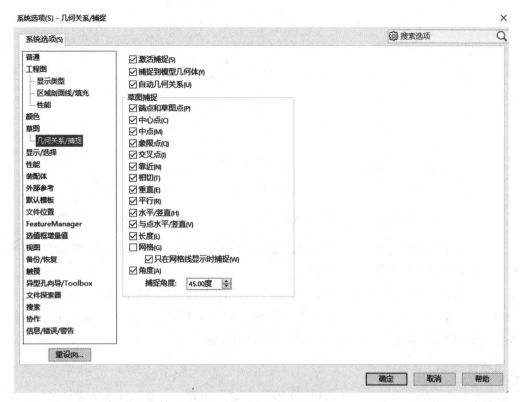

图2-17　"系统选项"对话框

2.5.5　参考坐标系

SolidWorks使用带原点的坐标系统。当用户选择基准面或者打开一个草图并选择某一面时将生成一个新的原点，与基准面或者所选面对齐。原点可以用作草图实体的定位点，有助于CAD数据的输入与输出、计算机辅助制造、质量特征的计算等。

单击"参考几何体"工具栏中的"坐标系"按钮或者单击"插入"—"参考几何体"—"坐标系"，在Property Manager中弹出"坐标系"窗格，如图2-18所示。

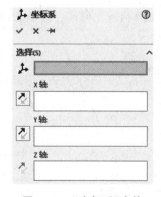

图2-18　"坐标系"窗格

2.5.6　绘制直线与中心线

直线与中心线的绘制方法相同，执行不同的命令，按照类似的操作步骤，在图形区绘制相应的图形即可。

直线分为三种，水平直线、竖直直线和任意角度直线，在绘制过程中，不同类型的直线其显示方式不同，如图2-19～图2-21所示。在绘制的过程中，光标上方显示的参数，为直线的长度和角度，可供参考。

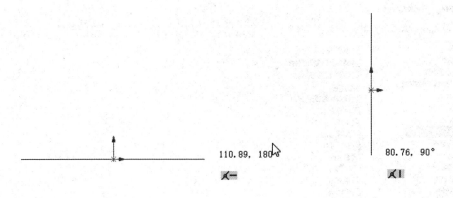

图 2-19　绘制水平直线　　　　　　　　图 2-20　绘制竖直直线

"中心线"也称为"构造线"，主要起参考轴的作用，可用于生成对称的草图特征或作为旋转特征的旋转轴使用，如图 2-22 所示。

除了上面讲述的在绘制直线时选择绘制中心线的方法，单击"草图"工具栏中的"中心线"按钮 也可绘制中心线，其绘制方法与绘制直线基本相同，只是中心线显示为点画线。另外，单击"构造几何线"按钮也可将直线转变为中心线。

🛠 **工程师提示**

　　任何草图几何体都可以转化为构造几何线，反之亦然。转化的方法是先选择几何线，然后在草图绘制工具栏单击"构造几何线"。还可以使用 Property Manager 将草图几何体转化为构造几何线，选择几何线，然后勾选"作为构造线"复选框，如图 2-23 所示。

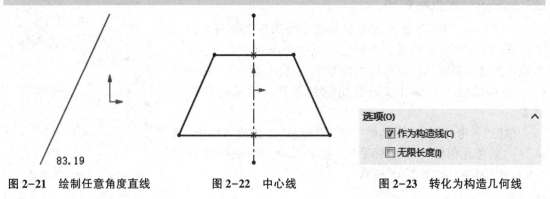

图 2-21　绘制任意角度直线　　　　图 2-22　中心线　　　　图 2-23　转化为构造几何线

▶▶ 2.5.7　绘制圆

当执行"圆"命令时，系统弹出"圆"属性管理器，可以通过两种方式来绘制圆：一种是绘制基于中心的圆，如图 2-24 所示；另一种是绘制基于周边的圆，如图 2-25 所示。

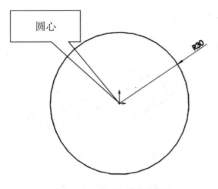

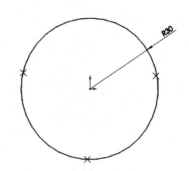

图2-24　基于中心的圆　　　　　　　　图2-25　基于周边的圆

2.5.8　绘制槽口线

槽口指两边高起中间陷入的条缝，作为榫卯结构的榫眼，俗称通槽。槽口线用于定义槽口的范围。

单击"草图"工具栏的"直槽口"按钮 ▢（或单击"工具"—"草图绘制实体"—"直槽口"），在绘图区的适当位置单击确定"直槽口"的起点位置，移动光标拖出一条虚线，单击确定槽口的长度，再移动光标在合适位置单击确定槽口的宽度，即可绘制槽口线，如图2-26所示。使用此线进行拉伸切除即可绘制槽口，如图2-27所示。

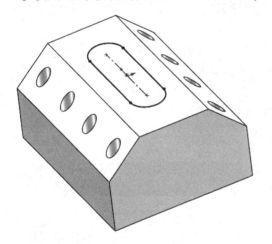

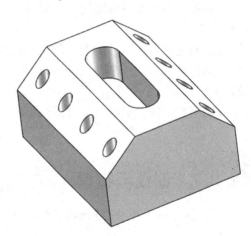

图2-26　绘制槽口线　　　　　　　　图2-27　绘制槽口

此外，单击"草图"工具栏的"中心点直槽口"按钮，以中心点为基准向外拖动可以绘制直槽口线；单击"三点圆弧槽口"按钮或"中心点圆弧槽口"按钮可以绘制圆弧槽口线，如图2-28所示。在"槽口"属性管理器中勾选"添加尺寸"复选框，可以自动为槽口线添加标注尺寸，如图2-29所示。

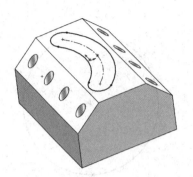

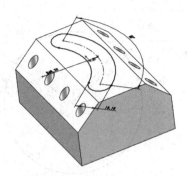

图 2-28　绘制圆弧槽口线　　　　　　　图 2-29　自动添加尺寸

2.6　项目小结

草图是位于特定平面上的二维曲线和点的集合，是设计三维造型所需的轮廓或截面。在 SolidWorks 中，可通过拉伸、旋转草图而创建实体或片体。例如，图 2-1 所示的盖板三维图就是由前面绘制的草图通过拉伸得到的。利用草图设计好三维造型后，一旦更改草图的形状、尺寸或几何约束，三维造型也会随之改变。

在创建草图的过程中要注意以下几点。

（1）每个草图要尽可能简单，可以将一个复杂草图分解为若干简单草图，这样便于约束和修改。

（2）每个草图要尽可能置于单独的层里，并且赋予合适的名称，这样便于管理。

（3）添加约束的一般步骤：先定位主要曲线至外部几何体，再按设计意图施加几何约束，最后施加尺寸约束。

（4）有些草图对象的定位需要使用参考线、参考点来设置。

2.7　训练与提高

完成图 2-30~图 2-33 所示二维草图的绘制。

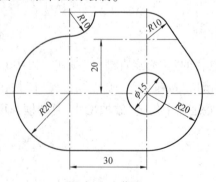

图 2-30　草图 1

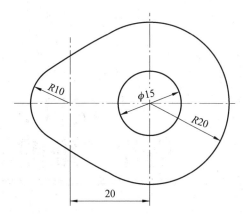

图 2-31　草图 2

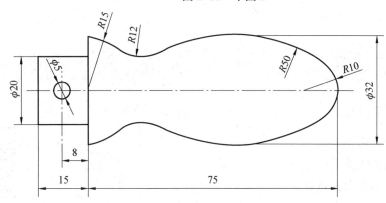

图 2-32　草图 3

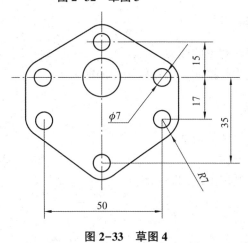

图 2-33　草图 4

项目 3
垫片二维图

3.1 学习目标

3.1.1 知识目标

(1)熟悉草图环境。
(2)掌握草图曲线及圆角命令。
(3)掌握圆、圆弧和圆角等草绘工具的使用方法。
(4)掌握镜向曲线操作、偏置曲线操作。

扫一扫观看建模视频

3.1.2 能力目标

(1)具有正确选取草图对象的能力。
(2)具有对草图曲线进行镜向、偏置等操作的能力。

3.1.3 素质目标

(1)培养善于观察、思考的习惯。
(2)培养手动操作的能力。
(3)培养团队协作、共同解决问题的能力。

3.2 项目展示

图3-1为垫片的二维及三维图,试根据该图纸内容绘制垫片的二维图。

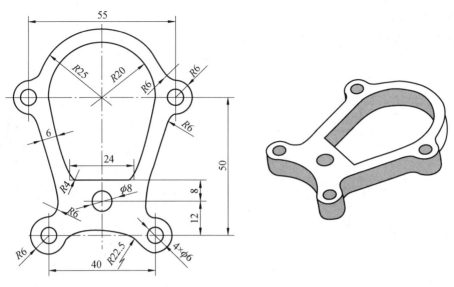

图 3-1 垫片的二维及三维图

3.3 项目分析

3.3.1 零件背景

垫片是用橡皮片或铜片制成，为防止流体泄漏设置在静密封面之间的密封元件。

3.3.2 结构分析

本项目中的二维图由于其形状比较规则，又含有较多对称的孔结构，绘制时可按下列步骤进行：

（1）绘制外轮廓矩形；

（2）绘制内轮廓；

（3）绘制孔和镜向孔。

通过垫片二维草图的绘制，应建立正确的绘图思路，利用草图工具和草图约束，完成参数化草图的创建，并使草图完全定义。

3.4 项目实施

步骤 1 新建零件。单击"新建"按钮，在"新建 SOLIDWORKS 文件"对话框中选择"零件"模板，单击"确定"按钮。选择"前视基准面"，在该基准平面上开始绘图。

步骤 2 绘制中心线。单击"直线"下拉按钮 ✐ 中的"中心线"按钮 ✐'，从坐标原点开始绘制，如图 3-2 所示。

步骤 3 绘制图元。单击"圆形"按钮 ⊙ 绘制图元，如图 3-3 所示。

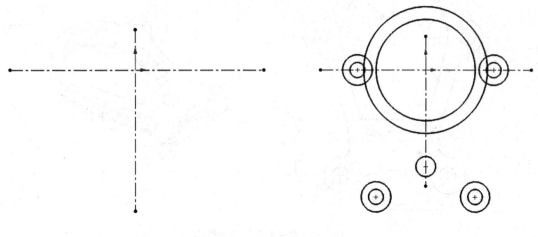

图 3-2　绘制中心线　　　　　　　　　　图 3-3　绘制图元

步骤 4 剪裁草图。单击"剪裁实体"按钮 ，再单击"强劲剪裁"按钮 进行草图剪裁，把不需要的圆弧剪裁掉，如图 3-4 所示。

步骤 5 绘制圆角。单击"圆角"按钮 ，再单击"绘制圆角"按钮 绘制圆角，选择需要倒圆角的圆形和圆弧，进行圆角绘制，如图 3-5 所示。

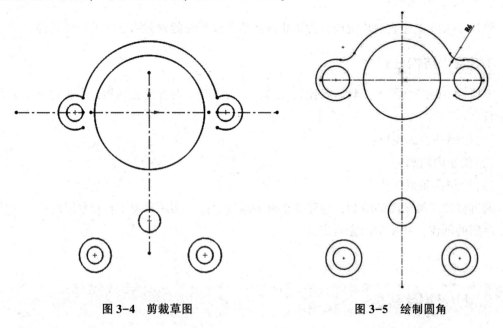

图 3-4　剪裁草图　　　　　　　　　　图 3-5　绘制圆角

步骤 6 绘制其他图元，如图 3-6 所示。

步骤 7 添加几何关系。对所绘圆弧与圆形、直线与圆形分别添加"相切"约束，如图 3-7 所示。

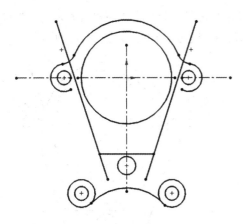

图 3-6　绘制其他图元

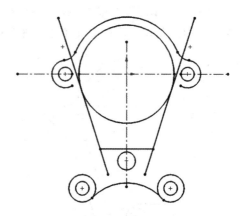

图 3-7　添加几何关系

步骤8　等距实体。单击"等距实体"按钮，进行参数设定，如图 3-8 所示。选择需要进行等距的直线，如图 3-9 所示。

图 3-8　"等距实体"参数设定

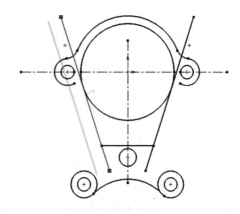

图 3-9　选择需要进行等距的直线

步骤9　绘制圆角。单击"圆角"按钮，选择直线和圆弧进行圆角绘制，如图 3-10 所示。

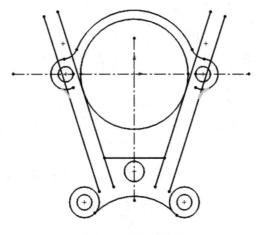

图 3-10　绘制圆角

步骤10　绘制圆弧。单击"圆弧"按钮，再单击"三点圆弧"按钮 ⌒ ₃点圆弧(T) ，绘制圆弧，如图3-11所示。对圆弧和直线、圆弧和圆形添加"相切"约束，如图3-12所示。

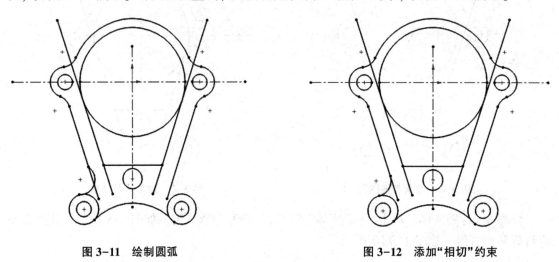

图 3-11　绘制圆弧　　　　　　　　　　　　　图 3-12　添加"相切"约束

步骤11　剪裁草图。单击"剪裁实体"按钮 ，再单击"强劲剪裁"按钮 进行草图剪裁，把不需要的圆弧剪裁掉，如图3-13所示。

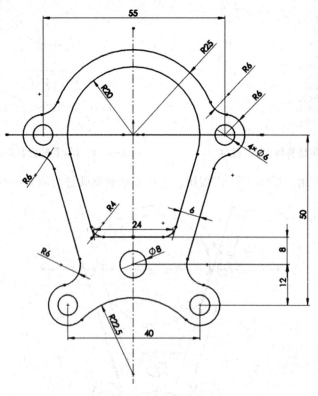

图 3-13　剪裁草图

3.5 项目拓展

3.5.1 绘制圆弧

绘制圆弧的方法主要有 4 种，即圆心/起/终点画弧、起点切线弧、三点画弧与"直线"命令绘制圆弧。

1）圆心/起/终点画弧

先指定圆弧的圆心，然后顺序拖动光标指定圆弧的起点和终点，确定圆弧的大小和方向，如图 3-14 所示。

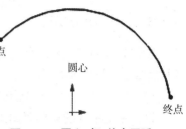

图 3-14 圆心/起/终点画弧

🔧 **工程师提示**

> 需要注意的是，光标移动的方向不同，生成的切线弧也不同；顺着直线的方向向后拖动，再向外拖动可以生成向内切的圆弧；从端点位置开始，垂直于直线向外拖动，再向两边拖动，可生成与直线垂直的圆弧。

2）切线弧

生成一条与草图实体相切的弧线，草图实体可以是直线、圆弧、椭圆和样条曲线等。在绘制切线弧时，系统可以根据光标的移动推理出用户是需要画切线弧还是画法线弧：沿相切方向移动指针将生成切线弧（图 3-15），沿垂直方向移动将生成法线弧。

3）三点画弧

通过起点、终点与中点的方式绘制圆弧，如图 3-16 所示。

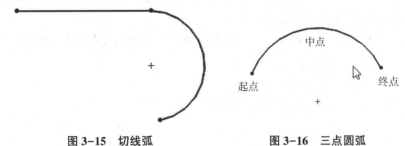

图 3-15 切线弧   图 3-16 三点圆弧

4）"直线"命令绘制画弧

"直线"命令除了可以绘制直线，还可以绘制连接在直线端点处的切线弧。使用该命令，必须先绘制一条直线，然后才能绘制圆弧。

要将直线转换为绘制圆弧的状态，必须先将光标拖回至终点，然后拖动才能绘制圆弧，也可以在此状态下右击，系统弹出快捷菜单，执行"转到圆弧"命令即可绘制圆弧，用同样方法，在绘制圆弧的状态下，右击并执行"转到直线"命令可以绘制直线。

🔧 **工程师提示**

如果要想在直线和圆弧之间切换而不回到直线、圆弧、椭圆或样条曲线的端点处，操作的同时按下〈A〉键即可。

▶ 3.5.2 绘制矩形

绘制矩形的方法有五种："边角矩形""中心矩形""三点边角矩形""三点中心矩形"以及"平行四边形"命令绘制矩形。

1)"边角矩形"命令绘制矩形

该命令是标准的矩形草图绘制方法，即指定矩形的左上与右下的端点确定矩形的长度和宽度，如图 3-17 所示。

2)"中心矩形"命令绘制矩形

该命令通过指定矩形的中心与右上的端点来确定矩形的中心和四条边线，如图 3-18 所示。

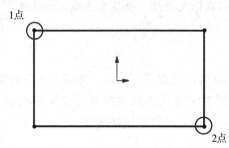

图 3-17　"边角矩形"命令绘制矩形　　图 3-18　"中心矩形"命令绘制矩形

3)"三点边角矩形"命令绘制矩形

该命令通过指定三个点来确定矩形，前面的两个点用来定义角度和一条边，第三点用来确定另一条边，如图 3-19 所示。

4)"三点中心矩形"命令绘制矩形

该命令通过绘制三个点来确定矩形，如图 3-20 所示。

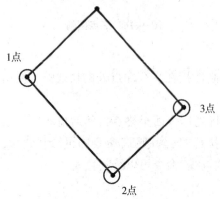
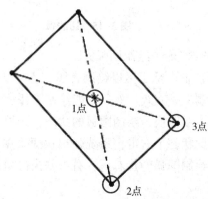

图 3-19　"三点边角矩形"命令绘制矩形　　图 3-20　"三点中心矩形"命令绘制矩形

5)"平行四边形"命令绘制矩形

该命令既能生成平行四边形，也能生成边线与草图网格线不平行或不垂直的矩形，如图3-21、图3-22所示。

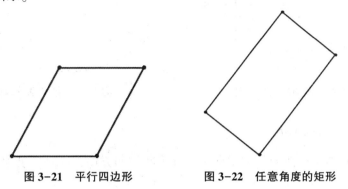

图3-21 平行四边形 　　　图3-22 任意角度的矩形

矩形绘制完毕后，按住鼠标左键拖动矩形的一个角点，可动态地改变平行四边形的尺寸。

3.5.3 绘制椭圆

SolidWorks提供了绘制椭圆和部分椭圆(椭圆弧)的功能。

1)椭圆

单击"椭圆"按钮 ⊙ ，再在适当位置单击定义中心位置，拖动光标到合适的位置单击，设定椭圆的一个轴及其方位，如图3-23(a)所示。再次拖动光标并单击，设定椭圆的另一个轴，如图3-23(b)所示。要改变椭圆大小，标注椭圆长轴和短轴尺寸并修改即可，如图3-24所示。也可标注半长轴和半短轴尺寸。

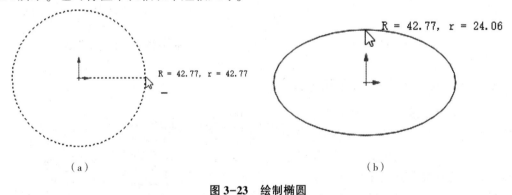

R = 42.77, r = 42.77

R = 42.77, r = 24.06

(a) 　　　 (b)

图3-23 绘制椭圆

(a)轴心及一个轴的确定；(b)另一个轴的确定

2)部分椭圆

单击"部分椭圆"按钮 ⓒ ，再在适当位置单击定义中心位置，拖动光标到合适的位置单击，设定椭圆弧的一个轴长及其方位，再次拖动光标并单击，设定椭圆弧的起点，同时也设定了椭圆弧的另一个轴的长度，如图3-25所示。

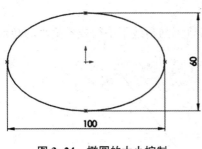

图 3-24 椭圆的大小控制

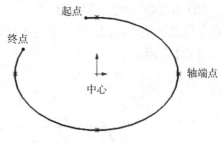

图 3-25 绘制部分椭圆

3.5.4 绘制样条曲线

样条曲线是构造自由曲面的主要曲线，其形状控制方便，可以满足大部分产品设计的要求。

单击"草图"工具栏的"样条曲线"按钮 N（或单击"工具"—"草图绘制实体"—"样条曲线"），在操作区连续单击，最后双击即可绘制样条曲线，如图 3-26 所示。

🔧 工程师提示

样条曲线绘制完成后，单击曲线，在每个样条控制点处会显示样条曲线的标控图标，通过调整这些图标可以调整样条曲线在这些点的"相切重量"和"相切径向"方向，从而调整样条曲线在这些点的曲率，如图 3-27 所示。

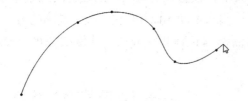

图 3-26 样条曲线

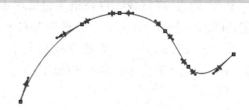

图 3-27 调整样条曲线

3.5.5 几何约束的创建和修改

几何约束是草图的重要组成部分。一般绘制草图的时候，系统会智能联想用户的设计意图，自动添加相关约束。如果系统自动添加的约束不能满足设计要求，用户可以自行选中相关的草图图元，添加需要的约束。根据所选中的图元不同，系统会显示不同的可能约束。图 3-28(a) 是选择了两条直线后显示的可能约束，图 3-28(b) 是选择了两个圆后显示的可能约束，图 3-28(c) 是选择了一条直线和一个圆后显示的可能约束。要删除一个约束，只要右击该约束，再选择"删除"选项就可以了。

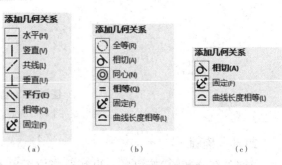

图 3-28 各种约束关系

(a) 直线与直线约束；(b) 圆与圆约束；(c) 直线与圆约束

工程师提示

在添加几何关系时，所选实体中至少要有一个是草图，其他可以是草图实体、一条边线、面、顶点、原点、基准面、轴或者从其他草图的线或圆弧映射到此草图平面形成的草图曲线。

3.5.6　草图状态

草图的状态显示于 SolidWorks 零件设计界面底端的状态栏中，其可能处于以下三种状态中的任何一种。

(1)欠定义：草图中的一些尺寸或几何关系未定义，可以随意改变。可以拖动端点、直线或曲线，直到草图实体改变形状，其在图形区域中以蓝色出现，如图 3-29 所示。

(2)完全定义：草图中所有的直线、曲线及其位置，均由尺寸或几何关系或两者一起说明。如图 3-30 所示，添加矩形的顶点与原点的"重合"几何关系，在图形区域中以黑色出现。

(3)过定义：有些尺寸、几何关系或两者处于冲突中或多余。其在图形区域中以黄色出现，如图 3-31 所示，此时一定要移除多余的约束。

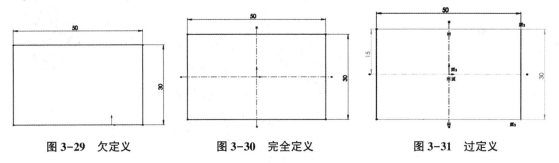

图 3-29　欠定义　　　　图 3-30　完全定义　　　　图 3-31　过定义

工程师提示

SolidWorks 草图尽量做到完全定义，这也是 SolidWorks 基本的绘制原则。

3.5.7　检查草图合法性

检查草图合法性可以及时准确地判断草图到指定特征操作的可行性。

例如，在某一草图绘制完成后，如图 3-32 所示，单击"工具"—"草图工具"—"检查草图合法性"，弹出"检查有关特征草图合法性"对话框，在"特征用法"下拉列表框中选择"凸台拉伸"选项，单击"检查"按钮，弹出新对话框显示草图有自相交部分，同时草图中自相交的部分会以绿色显示。

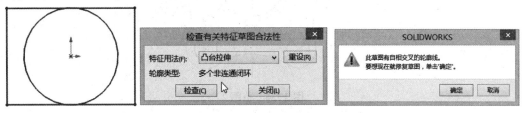

图 3-32　检查草图合法性

若草图中有自相交的部分，则表明此草图不符合"凸台拉伸"操作，因此需要重新绘制草图。

3.6 项目小结

直线、圆、圆弧是二维平面图形的基本组成部分，本项目围绕它们介绍了 SolidWorks 中绘制直线、圆、圆弧的方法，草图绘制过程中经常用到的镜向、剪裁、延伸、倒圆角、倒斜角等操作，以及草图约束的两种类型：几何约束和尺寸约束。通过绘制垫片二维草图的实践，使用户初步掌握草图的绘制方法。

3.7 训练与提高

完成图 3-33~图 3-36 所示二维草图的绘制。

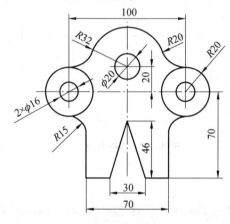

图 3-33 草图 1

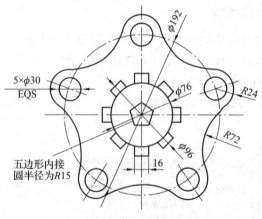

图 3-34 草图 2

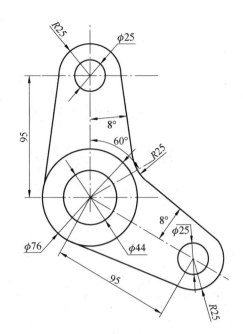

图 3-35　草图 3

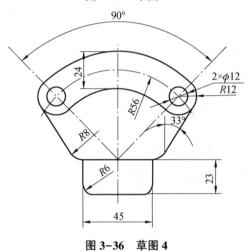

图 3-36　草图 4

项目 4
压板二维图

4.1 学习目标

4.1.1 知识目标

(1)熟悉草图环境。
(2)掌握草图曲线及圆角命令。
(3)掌握圆、圆弧和圆角等草绘工具的使用方法。
(4)掌握镜向曲线操作、偏置曲线操作。

扫一扫观看建模视频

4.1.2 能力目标

(1)具有根据给定图纸分析确定二维草绘顺序的能力。
(2)具有熟练运用草图命令快速绘图的能力。
(3)具有熟练运用相应草图命令举一反三的能力。

4.1.3 素质目标

(1)培养自主学习、思考的习惯。
(2)培养手动操作的能力。
(3)培养沟通与协作的能力。

4.2 项目展示

图4-1为压板的二维及三维图，试根据该图纸内容绘制压板的二维图。

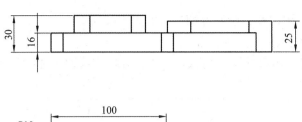

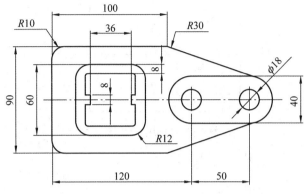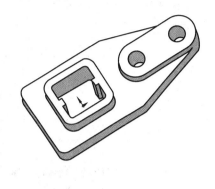

图4-1 压板的二维及三维图

4.3 项目分析

4.3.1 零件背景

压板是将工件固定在工作台上的零件。因为在机床上加工工件时，需要把工件固定在工作台上。

4.3.2 结构分析

本项目中的二维图由于其形状比较规则，绘制时可按下列步骤进行：

（1）绘制底板轮廓；

（2）通过拉伸及拉伸切除绘制右部凸台结构；

（3）通过拉伸及拉伸切除绘制左部轮廓。

4.4 项目实施

步骤1 新建零件。单击"新建"按钮，在"新建 SOLIDWORKS 文件"对话框中选择"零件"模板，单击"确定"按钮。选择"前视基准面"，在该基准平面上开始绘图。

步骤2 绘制中心线。单击"直线"下拉按钮╱中的"中心线"按钮╱，从坐标原点开始绘制，如图4-2所示。

步骤3 绘制中心矩形。单击"矩形"按钮▢，再单击"中心矩形"按钮▣，在原点处绘制中心矩形，如图4-3所示。

步骤4 绘制直槽口。单击"直槽口"按钮 ，绘制直槽口，如图4-4所示。

步骤5 绘制其他图元，如图4-5所示。

步骤6 添加几何关系。添加直线与直槽口圆弧的"相切"约束，并标注修改尺寸，如图4-6所示。

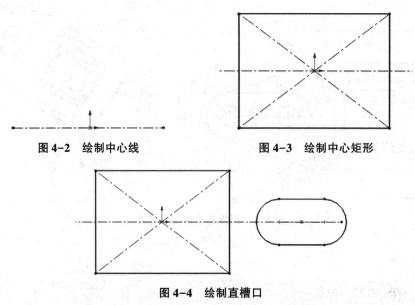

图4-2 绘制中心线　　　　　　　　　　图4-3 绘制中心矩形

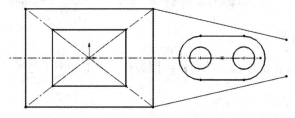

图4-4 绘制直槽口

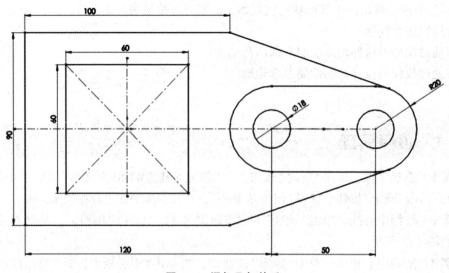

图4-5 绘制其他图元

图4-6 添加几何关系

步骤 7   绘制圆角。单击"圆角"按钮⌐，选择需要进行倒圆角的顶点，进行圆角的绘制，如图 4-7 所示。

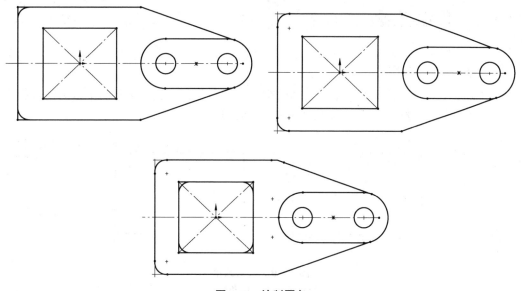

图 4-7   绘制圆角

步骤 8   等距实体。单击"等距实体"按钮⊾，勾选"选择链"复选框，确定偏移方向，进行等距实体，如图 4-8 所示。

步骤 9   绘制其他图元，如图 4-9 所示，并进行尺寸标注及修改。

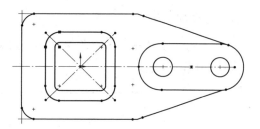

图 4-8   等距实体

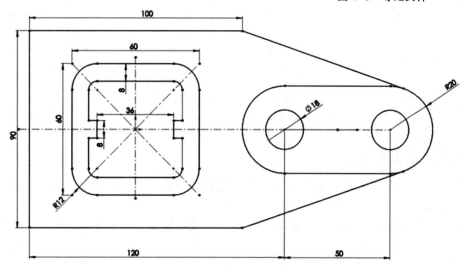

图 4-9   绘制其他图元

4.5 项目拓展

4.5.1 绘制圆角

绘制圆角工具是剪裁掉两个草图实体的交叉处的角部，生成一个与两个草图实体都相切的圆弧，此工具在二维和三维草图中均可使用，如图 4-10 所示。

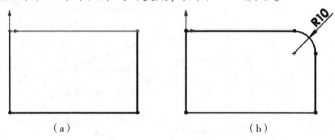

图 4-10 绘制圆角

(a)绘制圆角前；(b)绘制圆角后

⚒ 工程师提示

在选择要绘制圆角的草图时既可以选择两条直线的交点，也可以选择两条直线，如图 4-11 所示。

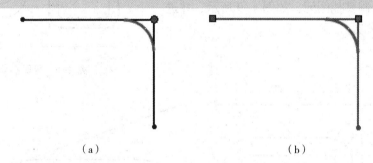

图 4-11 圆角选择方式

(a)选择两条直线的交点；(b)选择两条直线

4.5.2 绘制倒角

绘制倒角工具是将倒角应用到相邻的草图实体中，此工具在二维和三维草图中均可使用，倒角选取方法与圆角相同。

有两种设置倒角的方式："角度—距离"和"距离—距离"，分别如图 4-12 和图 4-13 所示。

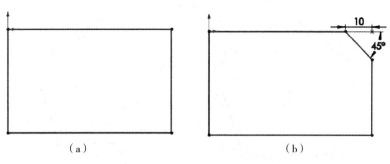

（a）　　　　　　　　　　　（b）

图 4-12　绘制"角度—距离"倒角

(a)绘制倒角前；(b)绘制倒角后

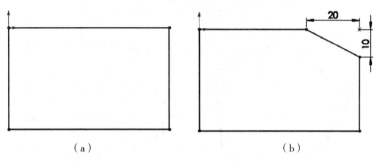

（a）　　　　　　　　　　　（b）

图 4-13　绘制"距离—距离"倒角

(a)绘制倒角前；(b)绘制倒角后

4.5.3　绘制多边形

"多边形"命令用于绘制边数为 4~40 的等边多边形。绘制多边形的步骤为单击"多边形"按钮⊙，弹出"多边形"窗格，如图 4-14 所示。输入边数，在绘图建模工作区单击，确定中心，移动光标到合适位置单击，确定多边形的形状，选择内切圆/外接圆，单击完成绘制。

"多边形"窗格中各选项说明如下。

边数：设定多边形中的边数。一个多边形可有 4 ~ 40 条边。

内切圆：在多边形内显示内切圆以定义多边形的大小，如图 4-15(a)所示。

外接圆：在多边形外显示外接圆以定义多边形的大小，如图 4-15(b)所示。

圆直径：显示内切圆或外接圆的直径。

角度：显示旋转角度。"角度"选项可以定义多边形的方位，以正五边形为例，当角度为 40°时，得到的正五边形如图 4-16(a)所示，当角度为 60°时，得到的正五边形如图 4-16(b)所示。

图 4-14　"多边形"窗格

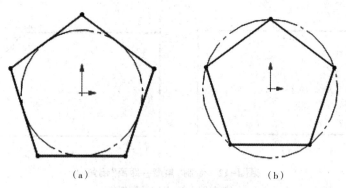

（a）　　　　　　　　　　（b）

图 4-15　内切圆与外接圆方式

(a)内切圆；(b)外接圆

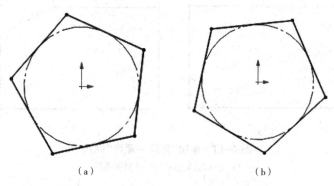

（a）　　　　　　　　　　（b）

图 4-16　"角度"选项为不同参数时的效果

(a)40°；(b)60°

4.5.4　等距实体

"等距实体"命令可以按给定的距离等距一个或多个草图实体、所选模型边线、模型面等。单击"等距实体"按钮，弹出"等距实体"窗格，如图 4-17 所示。设置好等距距离，然后选择草图对象，移动光标可以看到黄色箭头，在合适的一侧单击，即可生成等距实体，若勾选了"双向"复选框，则无须选择偏置侧，如图 4-18 所示。

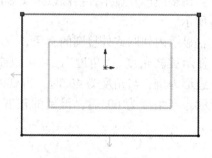

图 4-17　"等距实体"窗格　　　　　　**图 4-18　等距实体**

"等距实体"窗格中各选项说明如下。

等距距离：设定数值以特定距离来等距草图实体。若想动态预览，则按住鼠标左键并在绘图建模工作区中拖动光标。当释放鼠标左键时，等距实体完成。

添加尺寸：在草图中设置等距距离。这不会影响包括在原有草图实体中的任何尺寸。

反向：更改单向等距的方向。

选择链：生成所有连续草图实体的等距。

双向：双向生成等距实体，如图4-19所示。

基体结构：将原有草图实体转换为构造性直线。

顶端加盖：通过选择双向并添加一顶盖来延伸原有非相交草图实体。可生成圆弧或直线类型延伸顶盖，如图4-20所示。

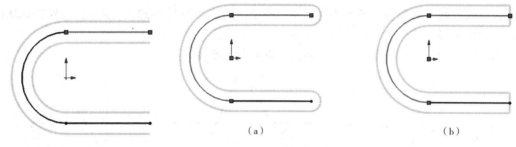

（a）　　　　　　　　　　　（b）

图4-19　双向生成等距实体

图4-20　顶端加盖等距实体

（a）圆弧顶端；（b）直线顶端

4.5.5　转换实体引用

转换实体引用是通过已有的模型或者草图，将其边线、环、面、曲线、外部草图轮廓线、一组边线或一组等距曲线投影到草图基准面上。通过这种方式，可以在草图基准面上生成一或多个草图实体。执行该命令时，如果引用的实体发生更改，那么转换的草图实体也会发生相应的改变。

单击菜单栏中的"工具"—"草图工具"—"转换实体引用"，或者单击"草图"工具栏中的"转换实体引用"按钮，执行"转换实体引用"命令。退出草图绘制状态，转换实体引用效果如图4-21所示。

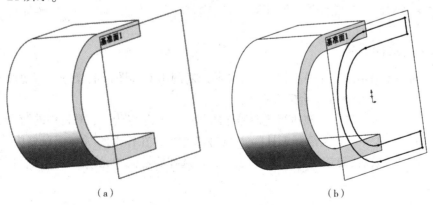

（a）　　　　　　　　　　　（b）

图4-21　转换实体引用效果

（a）转换实体引用前；（b）转换实体引用后

利用转换实体引用生成的草图与原实体间存在链接关系，若原实体改变，转换实体引用后的草图也将随之改变。

4.5.6 剪裁实体

剪裁是常用的草图编辑命令，根据剪裁的草图实体不同，可以选择不同的剪裁模式。

强劲剪裁：剪裁光标拖过的每个草图实体。

边角：剪裁两个草图实体，直到它们在虚拟边角处相交。

在内剪裁/在外剪裁：首先选择两个边界实体，然后选择要剪裁的实体，如图4-22（a）所示，在内剪裁是剪裁位于两个边界实体内的草图实体，如图4-22（b）所示；在外剪裁是剪裁位于两个边界实体外的草图实体，如图4-22（c）所示。

剪裁到最近端：将一草图实体剪裁到最近端交叉实体。

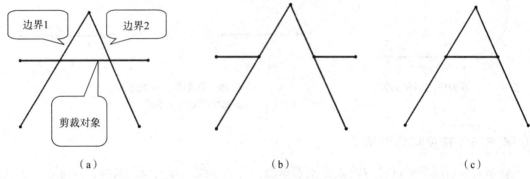

（a）　　　　　　　　　（b）　　　　　　　　　（c）

图4-22　在内剪裁和在外剪裁

（a）剪裁前；（b）在内剪裁；（c）在外剪裁

在执行"在内剪裁"或"在外剪裁"命令时，需要注意，被剪裁的对象并不是一定要与边界相交，而只要它们位于两个对象的内部（或外部）即可。所选对象将被完全删除，只是此时被剪裁的对象不能为闭合的实体。

4.5.7 镜向实体

镜向实体是以某条直线（中心线）作为参考，复制出对称图形的操作。若更改被镜向的草图实体，则其镜向的图像也会随之更改。

如图4-23所示，选中要被执行镜向操作的图形，单击"草图"工具栏中的"镜向实体"按钮（或单击"工具"—"草图绘制工具"—"镜向实体"），在弹出的"镜向"窗格中单击"镜向点"下的选择框，激活"要镜向的实体"列表框，再选择要镜向的元素或者草图，即可复制出对称图形。

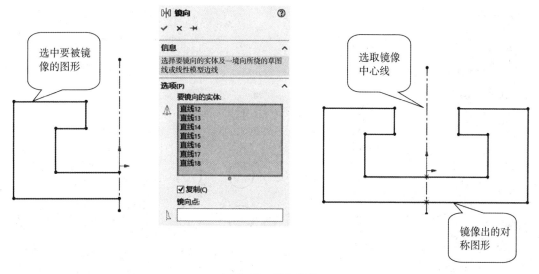

图4-23 镜向实体

除了镜向实体工具，SolidWorks还提供了动态镜向实体工具。单击"工具"—"草图绘制工具"—"动态镜向"按钮，选择镜向中心线，此时在实体元素的上下方会出现"="号，如图4-24(a)所示。然后在对称线的一侧绘制草图元素，则可以使用此工具在绘制实体的同时进行镜向操作，如图4-24(b)所示。

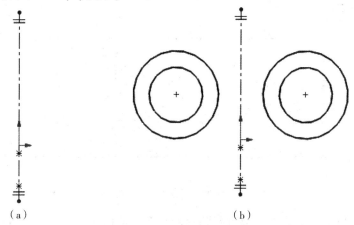

(a)　　　　　　　　　　(b)

图4-24 动态镜向实体

4.5.8 阵列实体

阵列包括线性草图阵列和圆周草图阵列。

(1)线性草图阵列：在横向和竖向两个方向上阵列图形，如可执行下面的线性草图阵列操作。如图4-25所示，选中要复制的五角星后，单击"草图"工具栏中的"线性草图阵列"按钮（或单击"工具"—"草图绘制工具"—"线性草图阵列"），弹出"线性阵列"窗格，在"方向1"选项区和"方向2"选项区中设置相应的"间距"和"阵列个数"，最后单击"确定"按钮，即可进行线性阵列，如图4-26所示。

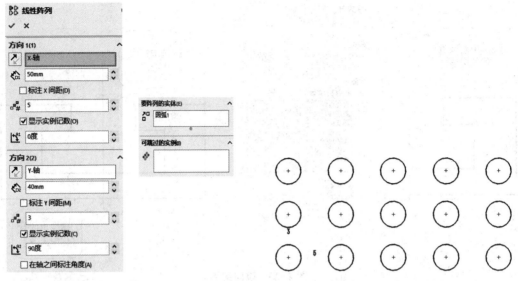

图 4-25　"线性阵列"窗格　　　　　　　图 4-26　线性草图阵列

要阵列的实体：选中此卷展栏中的列表区域后，可在绘图区中选择要进行阵列操作的实体。

可跳过的实例：选中此卷展栏中的列表区域后，可在阵列中选择不想包括在阵列中的实例，如图 4-27 所示。

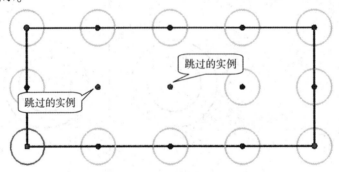

图 4-27　可跳过的实例

（2）圆周草图阵列：首先选中要进行阵列的图形，然后单击"草图"工具栏中的"圆周草图阵列"按钮 ❖（或单击"工具"—"草图绘制工具"—"圆周草图阵列"），弹出"圆周阵列"窗格，如图 4-28 所示。再设置阵列的数量和角度，单击"确定"按钮，即可进行圆周阵列，如图 4-29 所示。

⚒ 工程师提示

　　勾选"等间距"复选框后，将在"阵列间距"（要进行阵列操作的总弧度）内平均分配阵列对象，如取消其勾选状态，"阵列间距"为两个阵列对象间的弧度值。

图 4-28 "圆周阵列"窗格

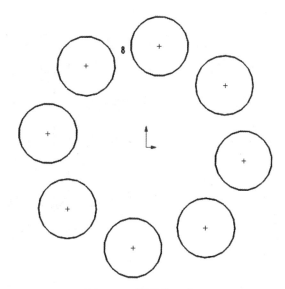

图 4-29 圆周草图阵列

4.6 项目小结

对于形状比较复杂的图形，在进行草图绘制时应该明确几何图元的绘制顺序。首先分析图形里各图元的相互位置关系是怎么样的，哪些图元可以作为整体的位置参考；然后明确主要图元的定位尺寸，理顺各主要图元的定位尺寸后再分析依附于主要图元上的其他图元的定位尺寸；最后分析它们的定形尺寸。

复杂图形的快速绘制依赖正确的尺寸约束和位置约束的应用，另外像偏置、阵列、镜向、对称等命令的熟练应用也有助于提高绘图的速度与准确性。一般二维草图的绘制最好先大体绘制相似图形(形状和位置关系与最终目标相似)，然后确定各图元的定位尺寸、定形尺寸，最后实现草图的完全约束。

4.7 训练与提高

完成图 4-30~图 4-35 所示二维草图的绘制。

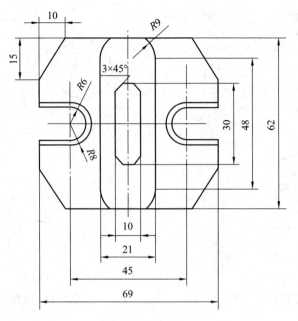

图4-30　草图1

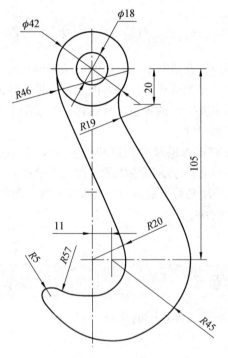

图4-31　草图2

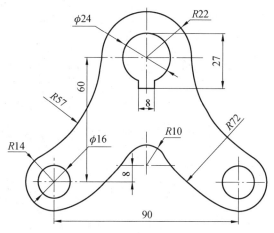

图 4-32　草图 3

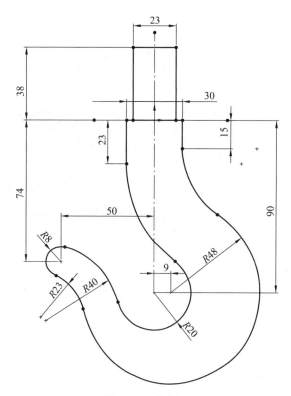

图 4-33　草图 4

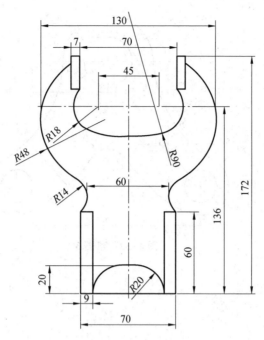

图 4-34　草图 5

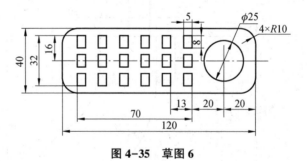

图 4-35　草图 6

项目 5
端盖建模

5.1 学习目标

5.1.1 知识目标

(1)熟悉"旋转"窗格中各参数的含义。

(2)掌握通过旋转截面生成实体的方法。

扫一扫观看建模视频

5.1.2 能力目标

(1)具有根据给定图纸分析确定二维草绘顺序的能力。

(2)具有了解工程特征的特点并掌握其创建方法的能力。

(3)具有在实践中设计一些简单零件的能力。

5.1.3 素质目标

(1)培养自主学习、思考的习惯。

(2)培养手动操作的能力。

(3)培养沟通与协作的能力。

5.2 项目展示

图5-1为端盖的二维图,试根据该图纸内容绘制端盖的三维图。

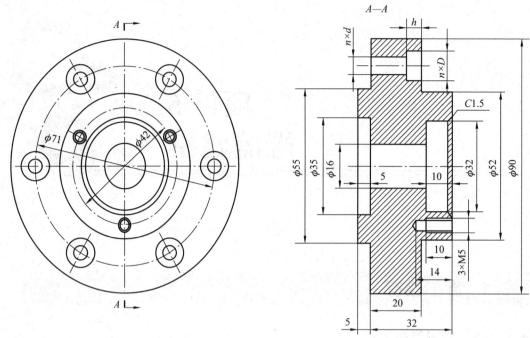

图 5-1　端盖的二维图

5.3　项目分析

5.3.1　零件背景

端盖类零件主要起连接、支承、轴向定位、防尘和密封等作用，汽车上的汽泵盖、端盖，减速器上的闷盖、透盖等均为端盖类零件。

5.3.2　结构分析

端盖类零件结构相对比较简单，且多为中心对称结构。相应地，可以混合采用参数化草图和回转的方法构建其实体模型。对于模型框架结构，可以采用回转特征；对于圆孔，可以采用孔特征或草图拉伸特征；对于边缘的梯形沟槽，可以采用草图回转特征；对于圆角、倒角等，可以直接采用对应的圆角、倒角特征。在设计端盖时可遵循以下步骤：

（1）创建盖面；

（2）创建螺纹孔；

（3）创建柱形沉头孔。

5.4　项目实施

步骤 1　新建零件。单击"新建"按钮，在"新建 SOLIDWORKS 文件"对话框中选择"零件"模板,单击"确定"按钮。选择"前视基准面",在该基准平面上开始绘图。

步骤2 绘制中心线。单击"直线"下拉按钮✐中的"中心线"按钮✐,从坐标原点开始绘制,如图5-2所示。

步骤3 绘制旋转截面。绘制一封闭的旋转截面,使草图完全约束,如图5-3所示。

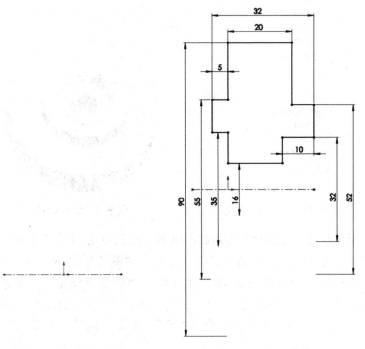

图5-2 绘制中心线　　　图5-3 绘制旋转截面

步骤4 绘制旋转特征。单击"旋转凸台/基体"按钮🞀,在"旋转"窗格中设置旋转参数,如图5-4所示;保持默认的设置,单击"确定"按钮,生成旋转特征,如图5-5所示。

图5-4 "旋转"窗格

图5-5 绘制旋转特征

步骤5 绘制倒角。单击"倒角"按钮,在"倒角"窗格中设置倒角参数,选择如图5-5所示的边线,选择"角度距离"单选按钮,如图5-6所示;设置"距离"为"1.5mm","角度"为"45°",单击"确定"按钮,生成倒角,如图5-7所示。

图 5-6 "倒角"窗格

图 5-7 绘制倒角

步骤 6 绘制螺纹孔。先选择连接盖的左端面，然后单击"特征"工具栏中的"异型孔向导"按钮，在弹出的"孔规格"窗格中设置孔参数，如图 5-8 所示。在"类型"选项卡中设置"孔类型"为"螺纹孔"，"标准"为"GB"，"类型"为"底部螺纹孔"，"大小"为"M5"，"终止条件"为"给定深度"，"光孔深度"为"12mm"，"螺纹线"的"给定深度"为"10mm"。切换到"位置"选项卡，定义孔中心与坐标原点在"竖直"位置，且"距离"为"21mm"，生成螺纹孔，如图 5-9 所示。

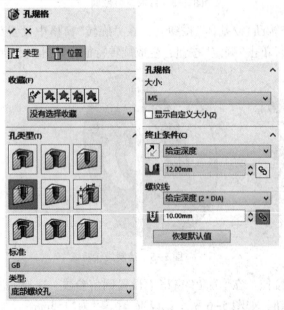

图 5-8 螺纹孔设置

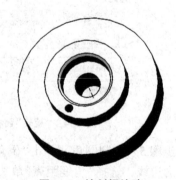

图 5-9 绘制螺纹孔

步骤 7 圆周阵列。单击"隐藏/显示项目"按钮，再单击"临时轴"按钮，绘图建模工作区中就会显示临时轴。单击"线性阵列"按钮，再单击"圆周阵列"按钮，弹出"圆周阵列"窗格，按图 5-10 进行设置，生成圆周阵列，如图 5-11 所示。

图 5-10 圆周阵列设置

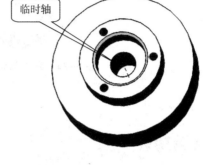

图 5-11 圆周阵列螺纹孔

步骤 8 绘制柱形沉头孔。先选择连接盖的大平面，然后单击"异型孔向导"按钮，在弹出的"孔规格"窗格中设置孔参数，如图 5-12 所示。在"类型"选项卡中设置"孔类型"为"柱形沉头孔"，"标准"为"GB"，"类型"为"六角头螺栓 C 级"，"大小"为"M5"，"终止条件"为"完全贯穿"，"螺纹钻孔直径"为"6mm"，"柱形沉头孔直径"为"11mm"，"柱形沉头孔深度"为"6mm"。切换到"位置"选项卡，定义孔中心与坐标原点在"水平"位置，且"距离"为"35.5mm"，生成柱形沉头孔，如图 5-13 所示。

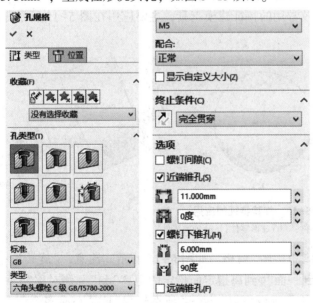

图 5-12 柱形沉头孔设置

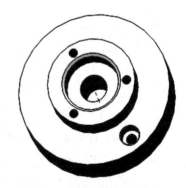

图 5-13 绘制柱形沉头孔

步骤 9 圆周阵列。柱形沉头孔的圆周阵列和螺纹孔的圆周阵列步骤一样，只不过是阵列参数和源特征发生变化，源特征是"柱孔"，相邻柱形沉头孔间夹角为 60°，阵列数量为 6。圆周阵列后的效果如图 5-15 所示。

图 5-14　圆周阵列柱形沉头孔

5.5　项目拓展

5.5.1　旋转特征

　　旋转特征是由特征截面绕中心线旋转而成的一类特征，它适用于构造回转体零件。旋转特征的草图可以包含一个或多个闭环的非相交轮廓，对于包含多个轮廓的旋转特征，其中一个轮廓必须包含所有的其他轮廓。

　　薄壁或曲面旋转特征的草图只能包含一个开环或闭环的非相交轮廓，轮廓不能与中心线交叉。若草图包含一条以上的中心线，则选择一条中心线用作旋转轴。

　　旋转特征的应用比较广泛，是比较常用的特征建模工具，主要应用在图 5-15 所示零件的建模。

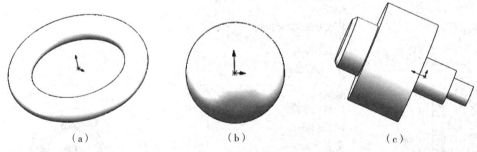

(a)　　　　　　　　　　　(b)　　　　　　　　　　　(c)

图 5-15　旋转特征的应用

(a)环形零件；(b)球形零件；(c)轴类零件

　　单击"旋转"按钮 后，系统会出现"旋转"窗格，如图 5-16 所示。注意，"旋转类型"有"给定深度""成形到一顶点""成形到一面""到离指定面指定的距离"和"两侧对称"5 种选项。同时，还有"方向 2"和"薄壁特征"复选框可以勾选。"所选轮廓"选项在有多个草图时可以选中其中一个或者多个草图进行拉伸。

　　工程师提示

　　　旋转特征的三大要素：二维截面、旋转中心线、旋转角度。

5.5.2　旋转切除特征

与旋转凸台/基体特征不同的是，旋转切除特征用来产生切除特征，也就是用来去除材料。如图5-17所示就是旋转切除特征。

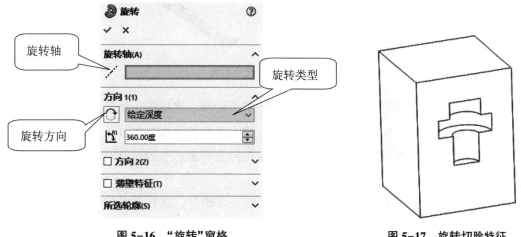

图 5-16　"旋转"窗格　　　　　　　　　　图 5-17　旋转切除特征

5.5.3　异型孔

单击"特征"工具栏中的"异型孔向导"按钮，可在模型上生成螺纹孔、柱形沉头孔、锥孔等多功能孔。

单击"异型孔向导"按钮，弹出"孔规格"窗格，如图5-18所示，设置好孔的类型、标准和大小等参数后，切换到"位置"选项卡，在要生成孔的实体面上单击，即可生成异型孔(可在此界面下设置孔的位置关系，以将孔定位到特定位置)，如图5-19所示。

图 5-18　"孔规格"窗格

图 5-19　生成异型孔

由图 5-18 可知，异型孔向导共提供了柱形沉头孔、锥形沉头孔、孔、直螺纹孔、锥形螺纹孔、旧制孔、柱孔槽口、锥孔槽口和槽口 9 个大类的孔类型，而且提供了 ISO（国际标准）和 ANSI（美国标准）等多种孔标准，在创建孔时，根据需要选择创建即可。

其中，旧制孔是在 SolidWorks 2000 版本之前生成的孔，在其下又包括很多孔类型，而且可以对其参数单独进行设置。

另外，勾选"显示自定义大小"复选框，可以在其下方的文本框中详细设置孔各部分的直径和长度；在"选项"选项中可以为孔设置额外参数，如螺钉间距和螺钉下锥孔的尺寸等；在"常用类型"选项中可以将经常使用的非标准孔特征设置为常用孔特征，这样在下次创建孔时就可以进行快速调用。

🔧 工程师提示

实际上，在 SolidWorks 中单击"简单直孔"按钮，还可以创建简单直孔，只是因为"简单直孔"无法直接定义孔的位置，实际创建孔时还不如使用"拉伸切除"特征操作起来方便，所以新版本中此命令被屏蔽了（可通过"自定义"菜单将其调出）。

5.5.4　基准面

基准面是用于草绘曲线、创建特征的参照平面，具有平面的属性，即它没有边界，没有质量属性。SolidWorks 向用户提供了三个默认基准面：前视基准面、右视基准面和上视基准面，如图 5-20 所示。

一般情况下，系统默认的三个基准面为隐藏状态。要想显示基准面，在右键快捷菜单中单击"显示"按钮即可，如图 5-21 所示。

要生成基准面可进行如下操作。

（1）在"特征"工具栏的"参考几何体"下拉菜单中单击"基准面"按钮 基准面（或单击菜单栏"插入"—"插入参考几何体"—"基准面"），此时出现"基准面"窗格，如图 5-22 所示。

（2）当"第一参考"选项区选择的是一平面时，将会显示如图 5-23 所示的平面约束选项。各平面约束选项的含义如表 5-1 所示。

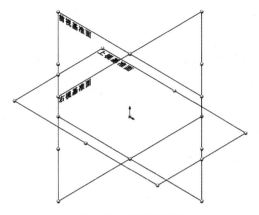

图 5-20 默认基准面

图 5-21 显示/隐藏基准面

图 5-22 "基准面"窗格

图 5-23 平面约束选项

表 5-1 各平面约束选项的含义

图标	说明	图解
面<1>	创建基准面的第一个参考为"面"	第一参考
平行	选定此项将生成一个与选定参考面平行的基准面	与选定参考面平行

续表

图标	说明	图解
⊥ 垂直	选定此项将生成一个与选定参考面垂直的基准面	与选定参考面垂直
人 重合	选定此项将生成一个与选定参考面重合的基准面	与选定参考面重合
60.00度	选定此项将生成一个与选定参考面成一定角度的基准面	与选定参考面成一定角度
10.00mm	选定此项将生成一个与选定参考面成一定距离的基准面	与选定参考面成一定距离

（3）选取了参考基准后，参考基准便会出现在右侧的参考实体中，在图形区域中出现基准面的预览效果。

（4）单击"确定"按钮，新建的基准面就会出现在特征管理器设计树中。

在"基准面"窗格中"第一参考"选项区勾选"反转等距"复选框，可在相反的位置生成基准面。"第二参考"选项区、"第三参考"选项区与"第一参考"选项区中包含的选项一样，具体情况取决于用户的选择。根据需要设置两个或三个参考基准来生成所需的基准面。参考基准除了可以是平面、曲面，还可以是线或顶点，显示的约束选项有所不同。

5.5.5 重排特征顺序

SolidWorks 支持多种特征拖动操作：重新排序、移动及复制。只有父特征位于其子特征之前，重新排序的操作才有效。

在特征管理器设计树中，选中特征，按住左键将其拖放到新的位置，可以改变特征重建的顺序。此时，零件结构也将发生改变。当拖动光标时，所经过的项目会高亮显示，当释放左键时，所移动的特征名称直接放置在当前高亮显示项目之下。如果重排特征顺序的操作是合法的，将会出现指针 ⟲，否则出现指针 ⊘。

5.6 项目小结

本项目通过端盖的三维建模，进一步巩固旋转凸台、倒角等命令的使用方法和参数设置，要求重点掌握圆周阵列特征、创建异型孔特征的方法。

5.7　训练与提高

（1）绘制图 5-24 所示零件的三维图。

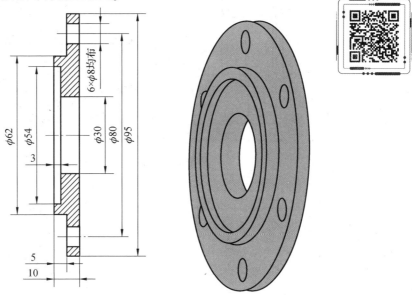

图 5-24　零件 1

（2）绘制图 5-25 所示零件的三维图。

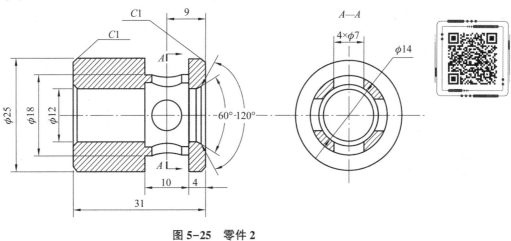

图 5-25　零件 2

（3）绘制图 5-26 所示零件的三维图。

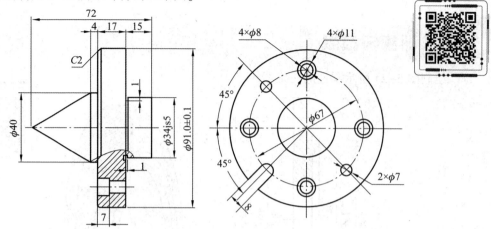

图 5-26　零件 3

项目 6
阶梯轴建模

6.1　学习目标

6.1.1　知识目标

(1)熟练掌握旋转特征的创建方法。
(2)掌握键槽的创建方法。

6.1.2　能力目标

(1)具有对草图进行尺寸约束和几何约束的能力。
(2)具有设置回转体参数的能力。
(3)具有设置键槽参数的能力。

扫一扫观看建模视频

6.1.3　素质目标

(1)培养善于观察、思考的习惯。
(2)培养手动操作的能力。
(3)培养团队协作、共同解决问题的能力。

6.2　项目展示

图 6-1 为阶梯轴的二维图，试根据该图纸内容绘制阶梯轴的三维图。

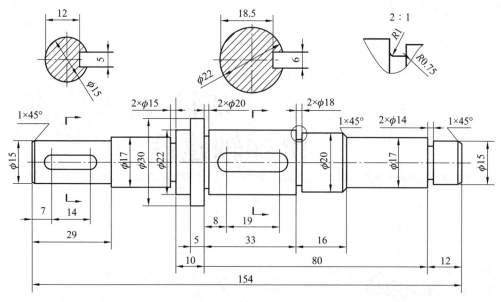

图6-1　阶梯轴的二维图

6.3　项目分析

6.3.1　零件背景

轴类零件是五金配件中经常遇到的典型零件之一。它们在机器中用来支承齿轮、带轮等传动零件，以传递转矩或运动。

轴类零件是旋转体零件，其长度大于直径，一般由同心轴的外圆柱面、圆锥面、内孔和螺纹及相应的端面所组成。根据结构形状的不同，轴类零件可分为光轴、阶梯轴、空心轴和曲轴等。

6.3.2　结构分析

轴类零件一般起支承传动零件、传递动力的作用。这类零件多由不等径的圆柱体或圆锥体组成，轴向尺寸大，径向尺寸小，一般用"旋转"的方法去建立其实体模型。对于轴套上的键槽、退刀槽等结构，可以采用"拉伸切除"方法去建立其结构。对于有很多不同直径段的轴，也可以用"拉伸"的方法一段一段地叠加去建立其实体模型。

首先绘制草图，然后通过"回转"命令创建轴的主体，再利用基准平面和键槽在主体上创建键槽特征，最后利用"槽"命令在主体上创建键槽。

6.4　项目实施

步骤1　新建零件。单击"新建"按钮，在"新建 SOLIDWORKS 文件"对话框中选择"零件"模板，单击"确定"按钮。选择"前视基准面"，在该基准平面上进行绘图。

步骤 2 绘制中心线。单击"直线"下拉按钮 ✏ 中的"中心线"按钮 ✏，从坐标原点开始绘制，如图 6-2 所示。

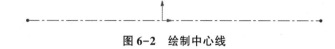

图 6-2 绘制中心线

步骤 3 绘制阶梯轴上半图元。单击"直线"按钮绘制阶梯轴上半图元，如图 6-3 所示。

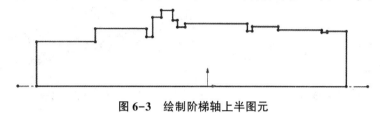

图 6-3 绘制阶梯轴上半图元

步骤 4 添加几何尺寸。单击"智能尺寸"按钮 智能尺寸，标注并修改尺寸，如图 6-4 所示。

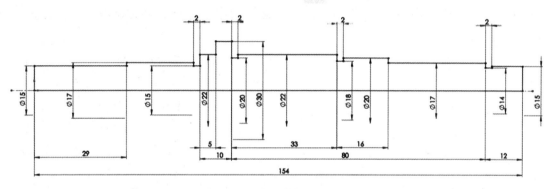

图 6-4 标注并修改尺寸

步骤 5 绘制倒角。单击"圆角"按钮 ⌐，再单击"绘制倒角"按钮 ⌐，设置倒角参数，如图 6-5 所示。单击需要倒角的点，绘制倒角，如图 6-6 所示。

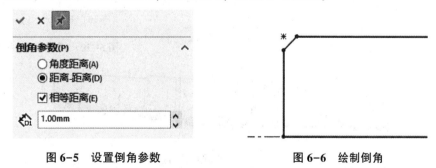

图 6-5 设置倒角参数   图 6-6 绘制倒角

步骤 6 绘制旋转特征。单击"特征"按钮，再单击"旋转凸台/基体"按钮 🛆，设置旋转参数，如图 6-7 所示，其中"旋转轴"选择步骤 2 中绘制的中心线。单击"确定"按钮，绘制旋转特征，如图 6-8 所示。

图 6-7 设置旋转参数

图 6-8 绘制旋转特征

步骤 7 绘制键槽。选择"上视基准面",在该基准平面上进行绘图。单击"直槽口"按钮 ⬚,绘制键槽并标注尺寸,如图 6-9 所示。单击"特征"按钮,再单击"拉伸切除"按钮 ⬚,设置切除-拉伸参数,如图 6-10 所示,单击"确定"按钮,绘制拉伸切除特征,如图 6-11 所示。

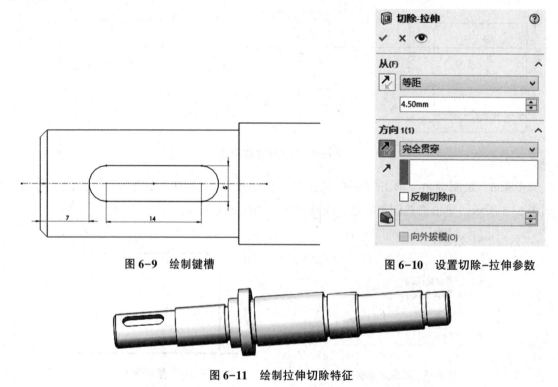

图 6-9 绘制键槽

图 6-10 设置切除-拉伸参数

图 6-11 绘制拉伸切除特征

步骤 8 绘制另一键槽。按照步骤 7 绘制另一键槽,如图 6-12 所示。

图 6-12 绘制另一键槽

步骤 9 保存模型。单击右上角 图标结束绘制，再单击"保存"按钮保存模型。

6.5 项目拓展

6.5.1 圆角特征

圆角特征是在零件上生成内圆角面或者外圆角面的一种特征，可以在一个面的所有边线上、所选的多组面上、所选的边线或者边线环上生成圆角。

圆角包括等半径圆角、变半径圆角、面圆角和完整圆角四种类型，如图 6-13 所示。

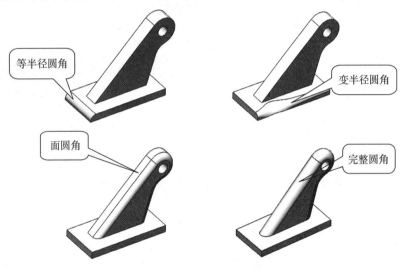

图 6-13 圆角类型

单击"特征"工具栏中的"圆角"按钮 后，选择圆角方式，设置好圆角大小，再选择要进行圆角处理的边线、顶点或面，即可进行圆角处理。选择的圆角类型不同，"圆角"窗格也不相同，通常前两个选项用于选择圆角参照，并设置圆角的大小。

绘制圆角时的注意事项如下。

（1）在添加小圆角之前添加较大圆角。当有多个圆角汇聚于一个顶点时，先生成较大的圆角。

（2）在添加圆角前先添加拔模特征。如果要生成具有多个圆角边线及拔模面的铸模零件，在大多数情况下，应在添加圆角之前添加拔模特征。

（3）最后添加装饰用的圆角。在大多数其他几何体定位后尝试添加装饰圆角，添加的时间越早，系统重建零件需要花费的时间越长。

（4）如果要加快零件重建的速度，使用一次生成一个圆角的方法处理需要相同半径圆角的多条边线。

6.5.2 倒角特征

倒角特征是在所选边线、面或者顶点上生成倾斜的特征。单击"插入"—"特征"—"倒角"，弹出"倒角"窗格，如图6-14所示。

（1）"角度距离"单选按钮：通过设定倒角的距离和角度两个参数进行倒角，如图6-15所示。

图6-14 "倒角"窗格

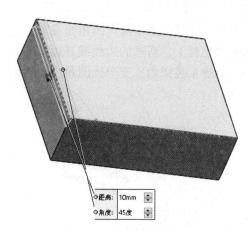

图6-15 "角度距离"倒角

（2）"距离-距离"单选按钮：通过设定倒角的距离进行倒角，可以实现对一条边进行距离不同的倒角，如图6-16所示。

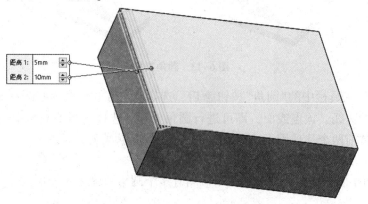

图6-16 "距离-距离"倒角

（3）"顶点"单选按钮：通过选定顶点，设定三个方向的倒角距离进行倒角，可以实现对一个顶点进行距离不同的倒角，如图6-17所示。

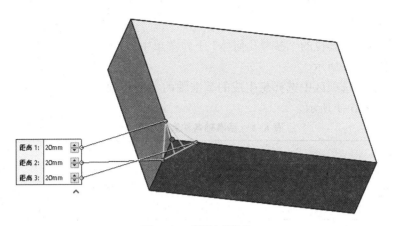

图 6-17　"顶点"倒角

6.5.3　圆顶特征

圆顶特征是指在零件的顶部面上创建类似于圆角的特征，创建圆顶特征的顶面可以是平面或曲面。单击"插入"—"特征"—"圆顶"，弹出"圆顶"窗格，如图 6-18 所示，然后选择用于生成圆顶的基础面，再设置基础面到圆顶面顶部的距离，即可生成圆顶，如图 6-19所示。

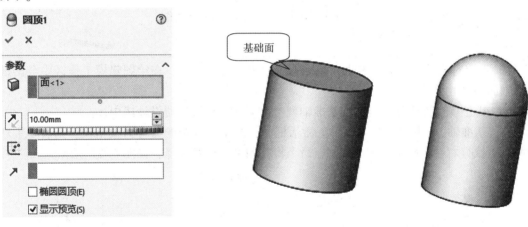

图 6-18　"圆顶"窗格　　　　　　　　　图 6-19　生成圆顶

"圆顶"窗格，部分选项的作用如下。

约束点或草图：通过草图或点来约束圆顶面。

方向：通过选择一条不垂直于基础面的边界线来定义拉伸圆顶的方向。

椭圆圆顶：选择此项可生成椭圆形的圆顶特征。

6.5.4　基准轴

通常在创建几何体或创建阵列特征时会使用基准轴。当用户创建旋转特征或孔特征后，系统会自动在其中心隐含生成临时轴，通过菜单栏执行"视图" — "临时轴" 命令可即时显示或隐藏临时轴。

有时仅仅使用临时轴还不能满足建模的需要，用户可以创建基准轴。要生成基准轴可进行如下操作。

(1)在"特征"工具栏的"参考几何体"下拉菜单中执行"基准轴"命令，会出现"基准轴"窗格，如图6-20所示。

(2)在"选择"选项区中选择想生成的基准轴的类型及项目来生成基准轴。选项中各约束选项的含义如表6-1所示。

表6-1　基准轴各约束选项的含义

图标	说明	图解
一直线/边线/轴(O)	选择一草图直线、实体边线或临时轴来创建基准轴	基准轴1
两平面(T)	选择两个参考面，将两个面的交线作为基准轴	基准轴2
两点/顶点(W)	选择两个点(可以是实体的顶点、中点或任意点)，将两个点之间的连线作为基准轴	基准轴3
圆柱/圆锥面(C)	选择一圆柱面或圆锥面，将该面的旋转中心线作为基准轴	基准轴4
点和面/基准面(P)	选择一点和一个面，将从这一点到平面的垂线作为基准轴	基准轴5

(3)选取对象后，对象会出现在图标右侧的参考实体栏中，在绘图建模工作区中会出现基准轴的预览效果。

(4)单击"确定"按钮，新建的基准轴就会出现在特征管理器设计树中。

在"基准轴"窗格的"参考实体"激活框中，若用户选择的参考对象错误，则需要重新选择，可执行右键快捷菜单的"删除"命令将其删除，重新选择，如图6-21所示。

图6-20　"基准轴"窗格

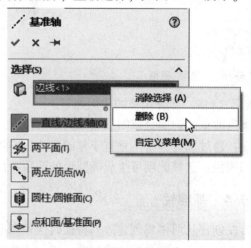

图6-21　删除基准轴

6.5.5　编辑实体材质

零件的显示属性也可以通过添加材质来设置。SolidWorks 通过材质属性设置不仅可以改变零件的颜色，而且能为后续的装配、工程图及应力分析提供数据。对阶梯轴零件的材质属性进行设置的具体步骤如下。

如图 6-22 所示，打开阶梯轴零件，在特征管理器设计树中，右击"材质"按钮 ，在快捷菜单中选择"编辑材料"，在弹出的"材料"对话框中选择"AISI 1045 钢"，如图 6-23 所示。单击"应用"按钮，再单击"关闭"按钮，将材质应用于零件，材质名称出现在特征管理器设计树中。添加"AISI 1045 钢"材质的效果如图 6-24 所示。

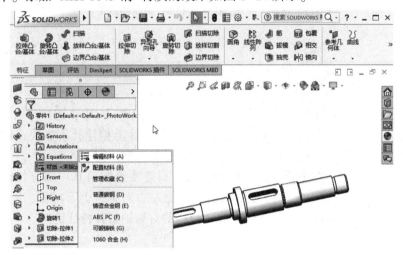

图 6-22　编辑材料

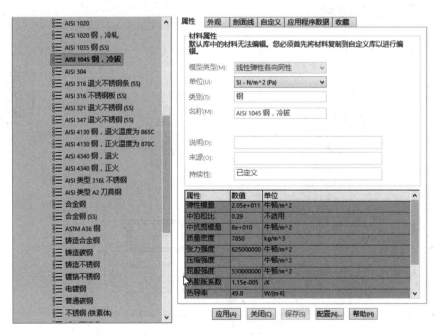

图 6-23　添加"AISI 1045 钢"材质

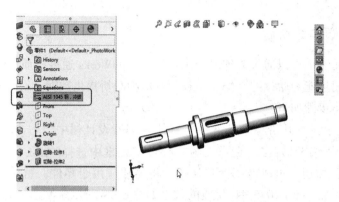

图 6-24　添加"AISI 1045 钢"材质的效果

6.6　项目小结

特征建模是设计三维实体模型的最主要方法。在 SolidWorks 中，用户可以利用基本特征（拉伸、旋转、扫描等）创建实体零件的雏形，然后在实体上创建孔、垫块或键槽等设计特征，或进行倒圆、倒斜角等特征操作，使创建的零件符合实际需要。

对于对称类的零件，在进行三维造型的时候，只需要绘制出其一部分特征，然后通过"镜向"命令生成整个实体。实体的对称结构又分为左右对称、上下对称、上下左右对称、斜向对称等，对于这些对称结构，都可以找到合适的对称轴将其特征镜向。

6.7　训练与提高

（1）绘制图 6-25 所示零件的三维图。

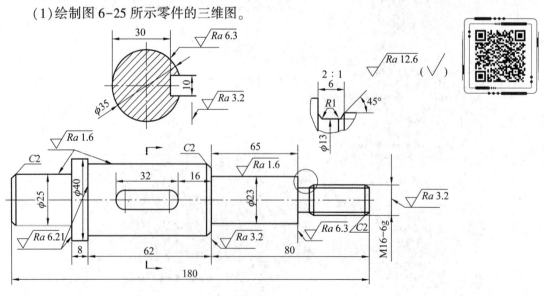

图 6-25　零件 1

（2）绘制图 6-26 所示零件的三维图。

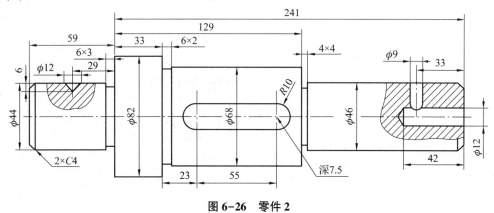

图 6-26　零件 2

项目 7
支架建模

7.1 学习目标

7.2.1 知识目标

(1)熟练掌握二维草图的绘制方法。
(2)掌握筋特征的建立方法。
(3)掌握基准面的建立方法。

扫一扫看建模视频

7.2.2 能力目标

(1)具有对草图进行尺寸约束和几何约束的能力。
(2)具有设置回转体参数的能力。
(3)具有熟练使用参考几何体的能力。

7.2.3 素质目标

(1)培养善于观察、思考的习惯。
(2)培养手动操作的能力。
(3)培养团队协作、共同解决问题的能力。

7.2 项目展示

图 7-1 为支架的二维及三维图，试根据该图纸内容绘制支架的三维图。

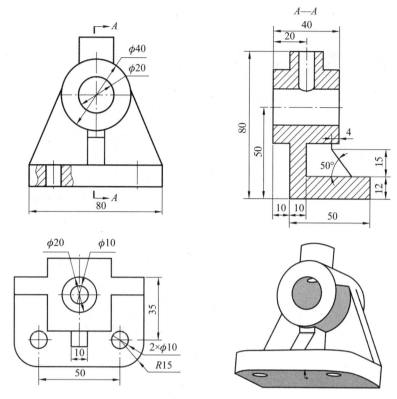

图 7-1　支架的二维及三维图

7.3　项目分析

7.3.1　零件背景

支架类零件结构形状多样，差别较大，但都由支撑部分、工作部分和连接部分组成，多数为不对称零件，具有圆台、凹口、铸（锻）造圆角、拔模斜度等常见结构。在机械零部件中主要起固定作用。

通过本项目的学习，我们需要了解支架类零件二维图的结构特点，分析该零件三维图的绘图思路与顺序，思考如何提高具有复杂结构的零件三维图的绘图速度，熟练运用草图的编辑、约束命令。

7.3.2　结构分析

分析本项目中支架零件的二维图，由于其形状比较复杂，又含有较多圆台结构，因此绘制时可按下列步骤进行：

（1）确定圆台、圆孔定位尺寸，然后设置其形状尺寸；

（2）建立圆台之间的切线关系并绘制其切线；

（3）通过使用尺寸约束和位置约束建立支架零件的三维模型。

7.4　项目实施

步骤 1　新建零件。单击"新建"按钮，在"新建 SOLIDWORKS 文件"对话框中选择"零件"模板，单击"确定"按钮。选择"前视基准面"，在该基准平面上开始绘图。

步骤 2　绘制中心线。单击"直线"下拉按钮 ╱ 中的"中心线"按钮 ╱，从坐标原点开始绘制，如图 7-2 所示。

步骤 3　绘制草图截面。单击"矩形"按钮 ▭，再单击"中心矩形"按钮 ▣，绘制中心矩形；单击"圆角"按钮 ⌐，再单击"绘制圆角"按钮 绘制圆角，选择需要倒圆角的圆形和圆弧，进行圆角绘制；单击"圆形"按钮 ⊙ 绘制圆形，绘制完成后如图 7-3 所示。

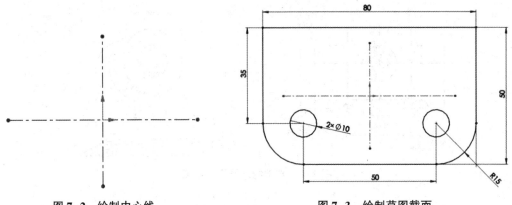

图 7-2　绘制中心线　　　　　　　　　　　图 7-3　绘制草图截面

步骤 4　生成拉伸特征 1。单击"特征"按钮，再单击"拉伸凸台/基体"按钮 ▦，在"凸台-拉伸"窗格中设置拉伸特征 1 参数，如图 7-4 所示。单击生成拉伸特征 1，如图 7-5 所示。

图 7-4　设置拉伸特征 1 参数　　　　　　图 7-5　生成拉伸特征 1

步骤 5　生成拉伸特征 2。选择零件的侧面，进行草图绘制，如图 7-6 所示。单击"特征"按钮，再单击"拉伸凸台/基体"按钮，在"凸台-拉伸"窗格中设置"拉伸深度"为"10mm"。单击生成拉伸特征 2，如图 7-7 所示。

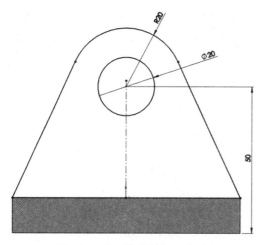

图 7-6　绘制拉伸特征 2 草图

图 7-7　生成拉伸特征 2

　　步骤 6　生成拉伸特征 3。选择零件的侧面，进行草图绘制，如图 7-8 所示。单击"特征"按钮，再单击"拉伸凸台/基体"按钮，在"凸台-拉伸"窗格中设置"拉伸深度"为"40mm"，如图 7-9 所示。单击生成拉伸特征 3，如图 7-10 所示。

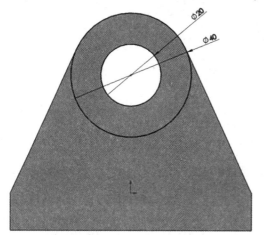

图 7-8　绘制拉伸特征 3 草图

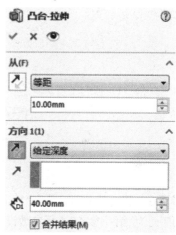

图 7-9　设置拉伸特征 3 参数

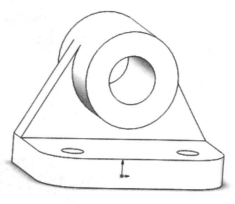

图 7-10　生成拉伸特征 3

步骤7 生成筋特征。选择右视基准面，进行草图绘制，如图7-11所示。单击"特征"按钮，再单击"筋特征"按钮🔌，在"筋"窗格中设置拉伸深度为"10mm"，确定生成筋的方向，如图7-12所示。单击"确定"按钮生成筋特征，如图7-13所示。

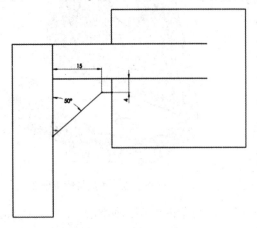

图 7-11　绘制筋特征草图

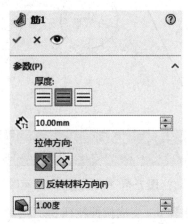

图 7-12　设置筋特征参数

图 7-13　生成筋特征

步骤8 建立基准面。单击"特征"按钮，再单击"参考几何体"按钮下的🔲 **基准面** 按钮，选择零件的底面为"第一参考"进行参数设置，如图7-14所示。单击"确定"按钮生成新的"基准面1"，如图7-15所示。

图 7-14　设置基准面参数

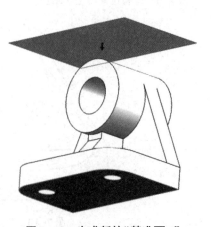

图 7-15　生成新的"基准面1"

步骤9　生成拉伸特征4。选择基准面1进行草图绘制，如图7-16所示。单击"特征"按钮，再单击"拉伸凸台/基体"按钮，在"凸台-拉伸"窗格中设置"给定深度"为"40mm"，如图7-17所示。单击"确定"按钮生成拉伸特征4，如图7-18所示。

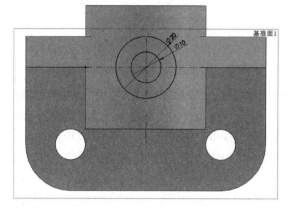

图7-16　绘制拉伸特征4草图

图7-17　设置拉伸特征4参数

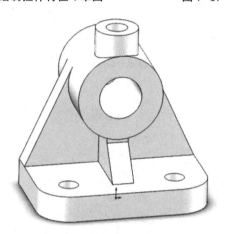

图7-18　生成拉伸特征4

步骤10　生成拉伸切除特征。选择拉伸特征4的上表面进行草图绘制，如图7-19所示。单击"特征"按钮，再单击"拉伸切除"按钮，在"切除-拉伸"窗格中设置拉伸切除属性为"成形到下一面"，单击"确定"按钮生成拉伸切除特征，如图7-20所示。

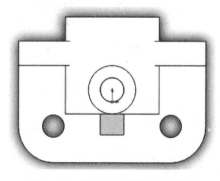

图7-19　绘制拉伸切除特征草图

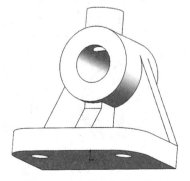

图7-20　生成拉伸切除特征

7.5 项目拓展

7.5.1 拉伸凸台基体

  SolidWorks 中最常用的特征建模方法就是拉伸和拉伸切除。单击"拉伸"按钮或者"拉伸切除"按钮就可以把一个草图拉伸或者切除得到一个立体。单击"拉伸"按钮后，系统会出现"凸台-拉伸"窗格，如图 7-21 所示。注意，开始条件有"草图基准面""曲面/面/基准面""顶点"和"距离"四种选项，终止条件有"给定深度""成形到一顶点""成形到一面""到离指定面指定的距离""成形到实体"和"两侧对称"六种选项。同时，还有"方向 2"和"薄壁特征"复选框可以勾选。当草图中有多个草图时，可利用"所选轮廓"选项对其中一个或者多个草图进行拉伸。单击"拉伸切除"按钮后，系统会出现"切除-拉伸"窗格，其基本界面和"凸台-拉伸"窗格类似。"拉伸"是将所选取的拉伸截面沿指定方向上扫掠成一几何体。在实体操作中，拉伸特征主要有拉伸薄壁、拉伸凸台/基体、拉伸切除、拉伸曲面四种类型，如图 7-22 所示。

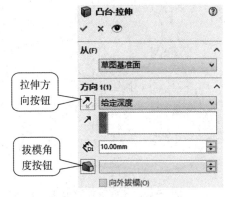

图 7-21　"凸台-拉伸"窗格

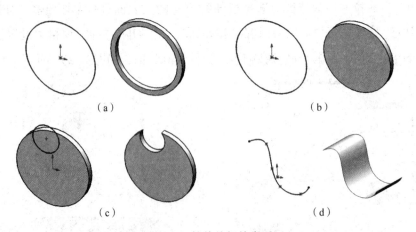

图 7-22　拉伸特征的类型

(a)拉伸薄壁；(b)拉伸凸台/基体；(c)拉伸切除；(d)拉伸曲面

7.5.2 创建多个实体特征

在进行特征建模时，有时会产生多个实体，有时在系统弹出的对话框中会显示"合并结果"复选框，只有一个实体。在创建第二个特征时，在默认情况下系统会自动勾选"合并结果"复选框，如图7-23(a)所示。若在创建拉伸特征时勾选了"合并结果"复选框，则合并实体的零件将第二次拉伸的重复部分合为一体，模型零件由一个实体组成，如图7-23(b)所示。

若在创建拉伸特征时取消勾选"合并结果"复选框，如图7-24(a)所示，则模型零件由两次拉伸命令生成两个实体，如图7-24(b)所示。

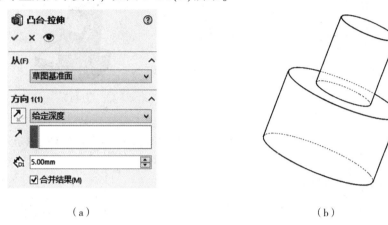

（a）　　　　　　　　　　　　　　　（b）

图7-23　生成一个实体

(a)勾选"合并结果"复选框；(b)一个实体

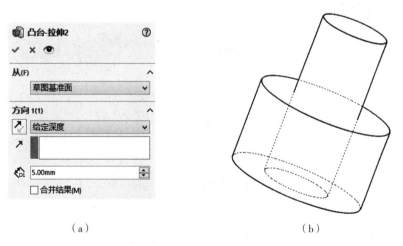

（a）　　　　　　　　　　　　　　　（b）

图7-24　生成两个实体

(a)取消勾选"合并结果"复选框；(b)两个实体

7.5.3 视图显示方式

SolidWorks的"显示"工具栏的"显示方式"按钮 中提供了许多不同的视图显示方式，如图7-25所示。

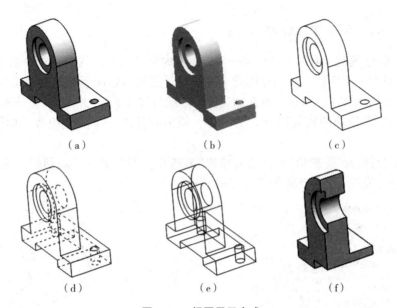

图 7-25　视图显示方式

(a)边线上色；(b)上色；(c)消除隐藏线；(d)隐藏线可见；(e)线架线；(f)剖切显示

7.5.4　编辑显示特征

SolidWorks 可以修改所选零件、特征或面实体的外观、颜色和光学属性等外观显示。具体操作如下。

右击一个面、特征或实体，在快捷菜单中单击"外观"按钮 ●。然后展开该菜单，并选择相应的对象；在"颜色"窗格中对颜色和光学属性进行设置，单击"确定"按钮，如图 7-26 所示。

图 7-26　"颜色"窗格

7.6 项目小结

拉伸特征是 SolidWorks 中特征建模的主要方法。本项目通过支架的三维建模，进一步加强读图能力，巩固对草图绘制命令的掌握。针对支架类零件的特点，重点介绍拉伸、筋板、基准特征等命令的使用方法和选项设置方法。同时掌握三维模型的基本设计思路，学会对零件的结构进行正确的特征分解，并按分解图完成整个零件的绘制。

7.7 训练与提高

（1）绘制图 7-27 所示零件的三维图。

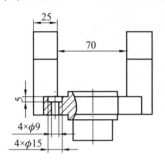
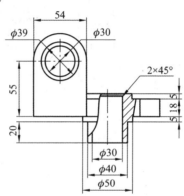

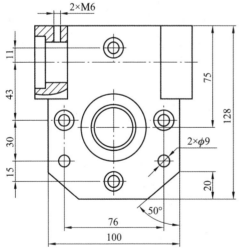
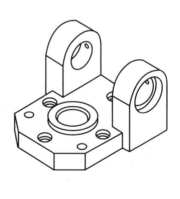

图 7-27　零件 1

（2）绘制图 7-28 所示零件的三维图。

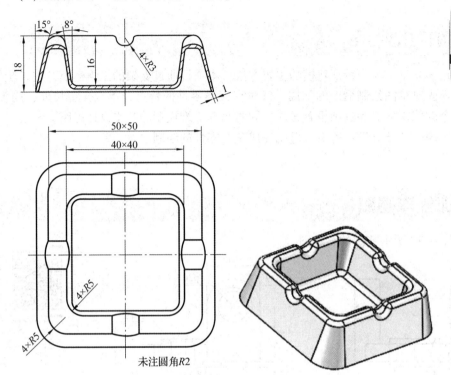

未注圆角R2

图 7-28　零件 2

项目 8
管接头建模

8.1 学习目标

8.1.1 知识目标

(1)熟练掌握 3D 草图的绘制方法。
(2)掌握绘制扫描截面和扫描路径的方法。
(3)掌握扫描建模的方法。

扫一扫观看建模视频

8.1.2 能力目标

(1)具有对草图进行尺寸约束和几何约束的能力。
(2)具有设置扫描参数的能力。
(3)具有设置草绘平面切换的能力。

8.1.3 素质目标

(1)培养善于观察、思考的习惯。
(2)培养手动操作的能力。
(3)培养团队协作、共同解决问题的能力。

8.2 项目展示

图 8-1 为管接头的二维图,试根据该图纸内容绘制管接头的三维图。

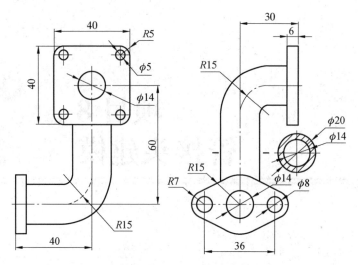

图 8-1　管接头的二维图

8.3　项目分析

8.3.1　零件背景

管接头是管道与管道之间的连接工具，是元件和管道之间可以拆装的连接点。其在管件中充当着不可或缺的重要角色，是液压管道的两个主要构成部分之一。

8.3.2　结构分析

管接头的建模主要使用扫描成形功能，和之前零件有所不同的是，管道的路径不是放在一个基准面里的草图，而是三维空间中的 3D 草图。该零件建模的步骤如下：

（1）通过扫描创建管道；

（2）通过拉伸创建两侧的管接头。

8.4　项目实施

步骤 1　新建零件。单击"新建"按钮，在"新建 SOLIDWORKS 文件"对话框中选择"零件"模板，单击"确定"按钮。选择"前视基准面"，在该基准平面上开始绘图。

步骤 2　绘制 3D 草图。单击"草图绘制"按钮 ，再单击"3D 草图"按钮 ，从坐标原点开始绘制，如图 8-2 所示。可以按键盘上〈Tab〉键来切换当前草绘平面，从而实现在三维空间中绘制连续曲线。

步骤3 绘制扫描截面。单击"右视基准面",绘制如图8-3所示的扫描截面,并标注尺寸,单击"确定"按钮,退出草绘环境。

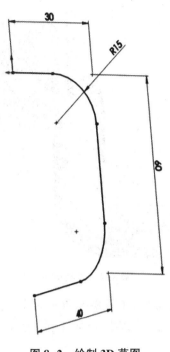

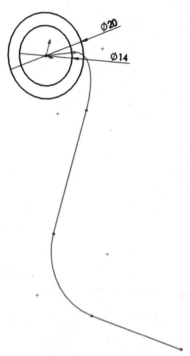

图8-2 绘制3D草图 　　　　　　　　　　图8-3 绘制扫描截面

步骤4 生成扫描特征。单击"特征"按钮,再单击"扫描"按钮 🖉 扫描,在"扫描"窗格中设置扫描参数,如图8-4所示。单击"确定"按钮生成扫描特征,如图8-5所示。

图8-4 设置扫描参数 　　　　　　　　图8-5 生成扫描特征

步骤5 绘制管接头1。单击管道的上圆环端面,绘制如图8-6所示的草图,并标注尺寸。单击"特征"按钮,再单击"拉伸凸台/基体"按钮 🔩,设置"拉伸深度"为"6mm",单击"确定"按钮生成拉伸特征,如图8-7所示。

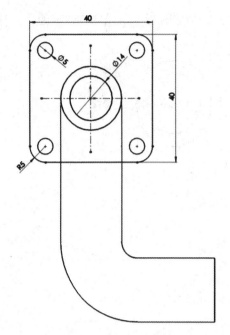

图 8-6　管接头草图 1

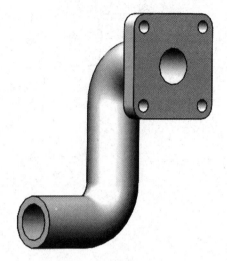

图 8-7　绘制管接头 1

步骤 6　绘制管接头 2。单击管道的下圆环端面，绘制如图 8-8 所示的草图，并标注尺寸。单击"特征"按钮，再单击"拉伸凸台/基体"按钮 🔘，设置"拉伸深度"为"6mm"，单击"确定"按钮生成拉伸特征，如图 8-9 所示。

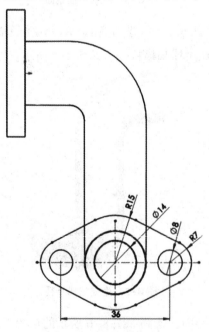

图 8-8　管接头草图 2

图 8-9　绘制管接头 2

8.5 项目拓展

8.5.1 扫描特征

扫描特征是一截面轮廓沿着一条路径移动，从路径的起点到终点所经过面积的集合，常用于建构变化较多且不规则的模型。利用扫描特征可以生成基体、凸台及曲面。

扫描基体或凸台时，截面轮廓必须是封闭的，路径可以为开放或封闭的；扫描曲面特征时，截面轮廓可以封闭也可以开放。扫描的路径只有一条，起点必须在草图截面的基准面上，路径可以是用户绘制的草图，也可以是模型上的边线或曲线。扫描特征不能有自相交。

使用扫描特征时，首先在一基准面或面上绘制一个闭环的非相交轮廓，然后使用草图、现有的模型边线或曲线生成轮廓将遵循的路径，如图 8-10 所示。

单击"特征"工具栏上的"扫描"按钮 🍥，弹出"扫描"窗格，如图 8-11 所示。

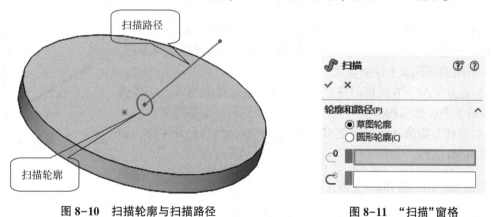

图 8-10　扫描轮廓与扫描路径　　　　　图 8-11　"扫描"窗格

选择图 8-10 所示的轮廓和路径，单击"确定"按钮，生成扫描特征，如图 8-12 所示。

图 8-12　生成扫描特征

扫描特征可以分为两种类型：单一路径扫描(简单扫描)、使用引导线扫描。

(1)单一路径扫描：一个扫描轮廓和一条扫描路径组成了最简单的单一路径扫描特征，即扫描轮廓沿扫描路径，从路径的起点到路径的终点运动所形成的特征。

(2)使用引导线扫描：特征截面在扫描的过程中变化时，必须使用带引导线的方式创建扫描特征，但引导线和路径必须不在同一草图内。其中路径决定扫描特征的长度，而引导线控制截面外形。

⚒ **工程师提示**

> 在扫描特征中，不论是轮廓、路径还是形成的实体，都不能自相交。

8.5.2　3D 直线

当绘制直线时，直线捕捉到的三个主要方向（即 X、Y、Z）将分别被约束为水平、竖直或者沿 Z 轴方向（相对于当前的坐标系为 3D 草图添加几何关系），但并不一定要求沿着这三个主要方向之一绘制直线，可以在当前基准面中与一个主要方向成任意角度进行绘制。如果直线端点捕捉到现有的几何模型，可以在基准面之外进行绘制。

一般是相对于模型中的默认坐标系进行绘制。若需要转换到其他两个默认基准面，则选择草图绘制工具，然后按键盘上的〈Tab〉键，将当前草图基准面的原点显示出来。绘制 3D 直线的方法如下。

（1）单击"草图绘制"按钮，再单击"3D 草图"按钮（或者单击"插入"—"3D 草图"），进入 3D 草图绘制状态。

（2）单击"草图"工具栏中的直线按钮 ╱，弹出"插入线条"窗格。在绘图建模工作区中单击，开始绘制直线，此时出现空间坐标，帮助在不同的基准面上绘制草图。

（3）拖动光标至直线段的终点处。如果要继续绘制直线，可以选择线段的终点，然后按键盘上的〈Tab〉键转换到另一个基准面。

（4）按住左键拖动光标直至出现第二段直线，然后松开左键，即可绘制出 3D 直线，如图 8-13 所示。

图 8-13　绘制 3D 直线

8.5.3　3D 圆角

3D 圆角是在绘制 3D 直线的基础上，进行圆角的绘制。绘制 3D 圆角的方法如下。

（1）单击"草图绘制"按钮，再单击"3D 草图"按钮（或者单击"插入"—"3D 草图"），进入 3D 草图绘制状态。

（2）单击"草图"工具栏中的绘制圆角按钮 ╮（或者单击"工具"—"草图绘制工具"—"圆角"），弹出"绘制圆角"窗格，在"圆角参数"选项区中设置圆角半径数值。

（3）选择两条相交的直线或者选择其交叉点，即可绘制出 3D 圆角，如图 8-14 所示。

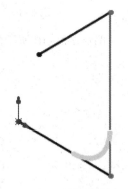

图 8-14　绘制 3D 圆角

8.5.4　3D 样条曲线

3D 样条曲线的绘制方法如下。

（1）单击"草图绘制"按钮，再单击"3D 草图"按钮（或者单击"插入"—"3D 草图"），进入 3D 草图绘制状态。

（2）单击"草图"工具栏中的"样条曲线"按钮 N（或单击"工具"—"草图绘制实体"—"样条曲线"）。

（3）在绘图建模工作区中单击放置第一个点，拖动光标定义曲线的第一段，系统弹出"样条曲线"窗格，如图8-15所示，它比二维的"样条曲线"窗格多了"Z坐标"参数 N。

图8-15 "样条曲线"窗格

（4）每次单击时，都会出现空间坐标来帮助在不同的基准面上绘制草图（如果想改变基准面，按〈Tab〉键）。

8.6 项目小结

本项目用到了3D草图功能。3D草图就是不用选取基准面作为载体，可以直接在图形区绘制空间曲线草图。3D草图功能适用于一些复杂管类零件建模。

8.7 训练与提高

（1）绘制图8-16所示零件的三维图。

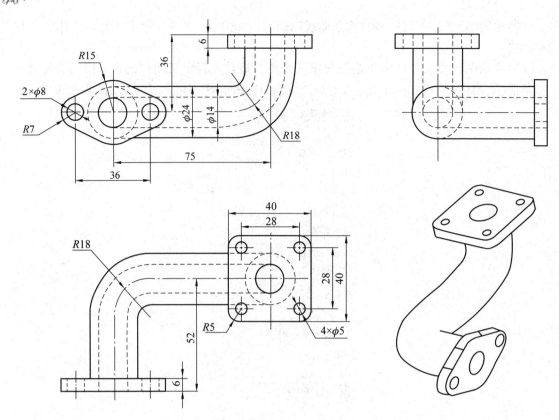

图 8-16　零件 1

（2）绘制图 8-17 所示零件的三维图。

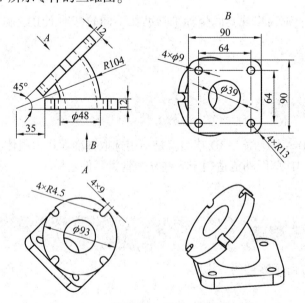

图 8-17　零件 2

项目 9
手轮建模

9.1 学习目标

9.1.1 知识目标

(1)熟练掌握二维草图的绘制方法。
(2)掌握回转体建模的方法。
(3)掌握圆周阵列特征的建立方法。

9.1.2 能力目标

(1)具有对草图进行尺寸约束和几何约束的能力。
(2)具有设置回转体参数的能力。
(3)具有设置圆周阵列参数的能力。

9.1.3 素质目标

(1)培养善于观察、思考的习惯。
(2)培养手动操作的能力。
(3)培养团队协作、共同解决问题的能力。

9.2 项目展示

图 9-1 为手轮的二维及三维图,试根据该图纸内容绘制手轮的三维图。

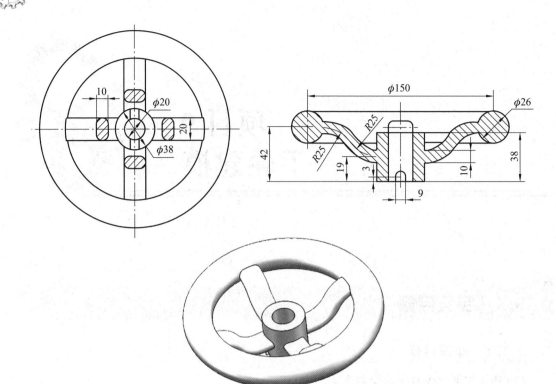

图 9-1　手轮的二维及三维图

9.3　项目分析

9.3.1　零件背景

　　手轮为手动操作的轮子，其造型新颖，移动方便，抗干扰、带载能力强，具有防油污密封设计，具备控制开关、急停开关，便于操作。

　　通过本项目的学习，我们需要了解给定手轮的二维尺寸，分析手轮的三维结构特点，构思其建模思路与顺序，思考哪种方式绘图效率更高，熟练运用三维造型的相关命令。

9.3.2　结构分析

　　分析手轮的二维及三维图（图 9-1）可以看出，其结构为圆周结构。建模时可以通过扫描、圆周阵列等特征工具完成手轮的整体造型。

9.4　项目实施

　　步骤 1　新建零件。单击"新建"按钮，在"新建 SOLIDWORKS 文件"对话框中选择"零件"模板，单击"确定"按钮。选择"前视基准面"，在该基准平面上开始绘图。

步骤 2　绘制旋转草图截面。单击"草图绘制按钮"按钮 ，绘制如图 9-2 所示的旋转草图截面，并标注尺寸。

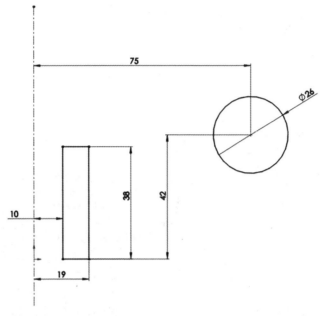

图 9-2　绘制旋转草图截面

步骤 3　生成旋转特征。单击"特征"按钮，再单击"旋转凸台/基体"按钮 ，其中"旋转轴"选择"中心线"。单击"确定"按钮，生成旋转特征，如图 9-3 所示。

步骤 4　绘制扫描路径。选择"上视基准面"，绘制如图 9-4 所示的扫描路径，并标注尺寸。

图 9-3　生成旋转特征

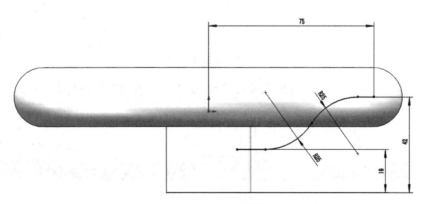

图 9-4　绘制扫描路径

步骤 5　建立基准面。单击"特征"按钮，选择"参考几何体"选项，单击"基准面"按钮 基准面，弹出"基准面"窗格，设置参数如图 9-5 所示。选择"第一参考"为"右视基准面"，选择"第二参考"为扫描路径的端点，如图 9-6 所示。单击"确定"按钮建立基准面 1，如图 9-7 所示。

图9-5 设置基准面参数

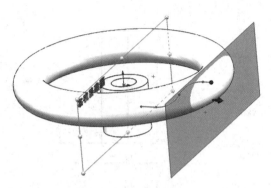

图9-6 选择基准面参考

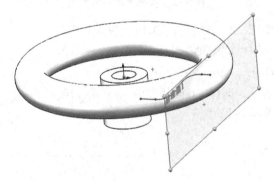

图9-7 建立基准面1

步骤6 绘制扫描截面。单击基准面1，绘制如图9-8所示的扫描截面，并标注尺寸。

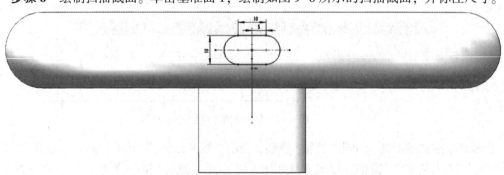

图9-8 绘制扫描截面

步骤7 生成扫描特征。单击"特征"按钮，再单击"扫描"按钮 🖋️ 扫描，设置扫描参数如

图9-9所示，生成扫描特征如图9-10所示。

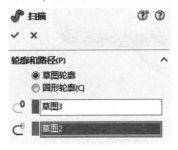

图9-9　设置扫描参数

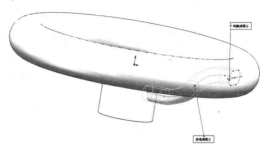

图9-10　生成扫描特征

步骤8　生成圆周阵列特征。单击"特征"按钮，再单击"线性阵列"下的"圆周阵列"按钮 ，选择手轮临时轴作为阵列的中心轴，并且选择要阵列的实体，设置圆周阵列参数如图9-11所示。圆周阵列生成状态如图9-12所示。单击"确定"按钮生成圆周阵列特征，如图9-13所示。

图9-11　设置圆周阵列参数

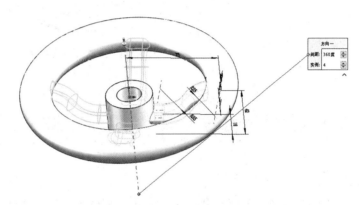

图9-12　圆周阵列生成状态

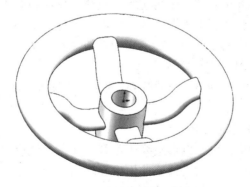

图9-13　生成圆周阵列特征

步骤9　生成拉伸切除特征。选择"右视基准面"，绘制如图9-14所示的拉伸切除草图，并标注尺寸。单击"特征"按钮，再单击"拉伸切除"按钮 ，设置拉伸切除的深度为"完全贯穿"，单击"确定"按钮生成拉伸切除特征，如图9-15所示。

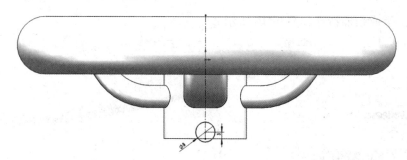

图 9-14　拉伸切除草图

图 9-15　生成拉伸切除特征

9.5　项目拓展

9.5.1　圆周阵列

圆周阵列包括草图圆周阵列和特征圆周阵列，因草图圆周阵列在参数化草图部分已经介绍，这里不再重复，只介绍特征圆周阵列。特征圆周阵列是简化建模的重要手段，可以减少许多不必要的重复操作。特征圆周阵列是将源特征围绕指定的轴线复制多个特征。特征圆周阵列使用方法介绍如下。

单击"圆周阵列"按钮 ，弹出"圆周阵列"窗格，如图 9-16 所示。

"圆周阵列"窗格中各选项说明如下。

阵列轴：阵列轴可为坐标轴、圆形边线或草图直线、线性边线或草图直线、圆柱面或曲面、旋转面或曲面生成阵列。如有必要，单击"反向"按钮来改变圆周阵列的方向。

图 9-16　"圆周阵列"窗格

角度：设置每个实例之间的角度。

实例数：设置复制特征的数量(含源特征)。

等间距：自动设置总角度为 360°，此时相邻特征间夹角 = 总角度/实例数。

要阵列的特征：使用所选择的特征作为源特征来生成阵列。

要阵列的面：使用构成特征的面生成阵列。在图形区域中选择特征的所有面，这对于只输入构成特征的面而不是特征本身的模型很有用。

可跳过的实例：在生成阵列时跳过在图形区域中选择的阵列实例。将光标移动到每个阵列实例上时，指针变为手指标志，单击选择阵列实例，阵列实例的坐标出现。若想恢复阵列实例，则再次单击实例。

几何体阵列：使用几何体阵列功能，可以解除特征的生成和实体的关联性，仅阵列特征生成的结果而不阵列特征生成的过程。几何体阵列只有在特征的生成和实体有关联性的情况下才会起作用。

延伸视象属性：将 SolidWorks 的颜色、纹理和装饰螺纹数据延伸给所有阵列实例。

9.5.2 线性阵列

特征的线性阵列是在一个或者几个方向上生成多个指定的源特征。

单击"特征"工具栏中"线性阵列"按钮 ▦（或者单击"插入"—"阵列/镜向"—"线性阵列"），系统弹出"线性阵列"窗格，如图 9-17 所示。

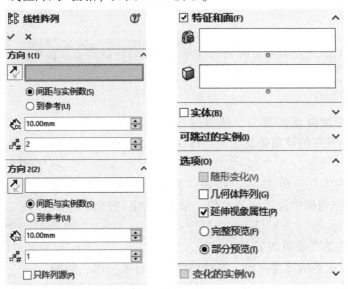

图 9-17 "线性阵列"窗格

"线性阵列"窗格中各选项说明如下。

方向：分别指定两个线性阵列的方向。

阵列方向：设置阵列方向，可以选择线性边线、直线、轴或者尺寸。

反向：改变阵列方向。

间距：设置阵列实例之间的间距。

实例数：设置阵列实例之间的数量。

要阵列的特征：可以使用所选择的特征作为源特征以生成线性阵列。

要阵列的面：可以使用构成源特征的面生成阵列。在图形区域中选择源特征的所有面，这对于只输入构成特征的面而不是特征本身的模型很有用。当设置"要阵列的面"时，阵列必须保持在同一面或者边界内，不能跨越边界。

要阵列的实体：可以使用在多实体零件中选择的实体生成线性阵列。

"只阵列源"复选框：勾选该复选框，在第二方向上只阵列源特征，不复制方向 1 的阵列实例在方向 2 中生成的线性阵列，如图 9-18 所示。

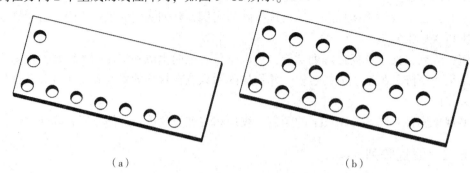

（a）　　　　　　　　　　　　　　　（b）

图 9-18　"只阵列源"复选框勾选效果

（a）勾选"只阵列源"复选框；（b）不勾选"只阵列源"复选框

可跳过的实例：可以在生成线性阵列时跳过在图形区域中选择的阵列实例。

🔧 **工程师提示**

> 当使用特型特征来生成线性阵列时，所有阵列的特征都必须在相同的面上。

9.5.3　筋特征

筋是零件上增加强度的部分。值得注意的是，在 SolidWorks 中，筋实际上是由开环的草图轮廓生成的特殊类型的拉伸特征，封闭草图反而不行。

生成筋特征的方法：单击"筋"按钮，弹出"筋"窗格，如图 9-19 所示，在"筋"窗格中设置相关参数，单击"确定"按钮，生成筋特征。

"筋"窗格中各选项说明如下。

厚度：用来设定筋的厚度方向。筋的厚度方向有第一边、两侧和第二边三种形式，如图 9-20 所示。适当情况下可选择"反转材料方向"来更改筋的拉伸方向。

图 9-19　"筋"窗格

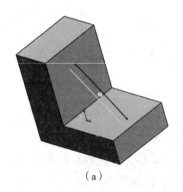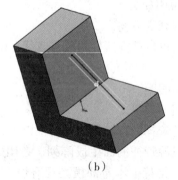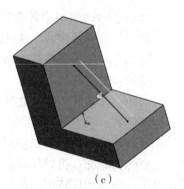

（a）　　　　　　　　　　（b）　　　　　　　　　　（c）

图 9-20　筋的厚度方向三种形式

（a）第一边方向；（b）两侧方向；（c）第二边方向

筋厚度：直接在"厚度"文本框内输入厚度值即可。

拉伸方向：筋的拉伸方向可以分为"平行于草图"和"垂直于草图"两种，如图9-21所示。

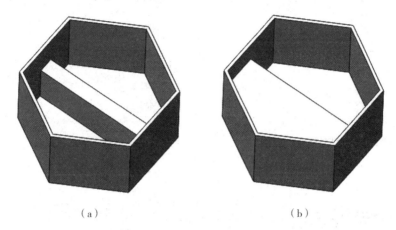

（a） （b）

图9-21 拉伸方向的两种形式

（a）平行于草图；（b）垂直于草图

材料方向：通过"反转材料方向"可以设定筋的拉伸方向。

9.5.4 参考坐标系

在SolidWorks中，坐标系用于确定模型在视图中的位置以及定义实体的坐标参数，系统默认生成一个绝对坐标系。此外，也可以建立相对坐标系。

要新建坐标系可进行如下操作。

(1)在"特征"工具栏的"参考几何体"下拉菜单中选择"坐标系"选项，在特征管理器设计树中显示"坐标系"窗格，如图9-22所示。默认状况下，坐标系建立在原点。

(2)在"选择"选项区中单击图标右侧的原点栏，在绘图区域中选择一个点(顶点或边线中点等)，此时新建的坐标系出现在绘图区域，选择的点就为新建坐标系的顶点。

(3)单击"X轴"选项框，在绘图区域选择一条直线作为新建坐标系的 X 轴，单击可更改 X 轴的方向。

(4)用同样方法确定另外一轴的方向。

(5)单击"确定"按钮，新建的坐标系就会出现在特征管理器设计树中。

在特征管理器设计树中，右击坐标系图标，执行快捷菜单里的"属性"命令，在弹出的"特征属性"对话框中可以输入新的名称，能更好地说明它的用途，如图9-23所示

工程师提示

在"坐标系"窗格中，每一步设置都可以形成一个新的坐标系，并可以单击方向按钮，调整坐标系的方向。

图 9-22 "坐标系" 窗格

图 9-23 坐标系属性

9.6 项目小结

本项目通过手轮的绘制，介绍了旋转和扫描特征。同时，拓展介绍了圆周阵列、线性阵列、筋板特征使用及参考坐标系的建立，为后面的构建复杂零件打下扎实的基础。

9.7 训练与提高

（1）绘制图 9-24 所示零件的三维图。

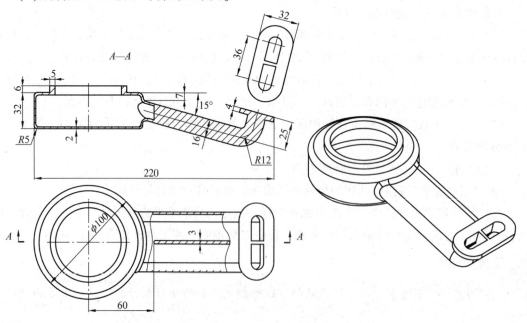

图 9-24 零件 1

（2）绘制图 9-25 所示零件的三维图。

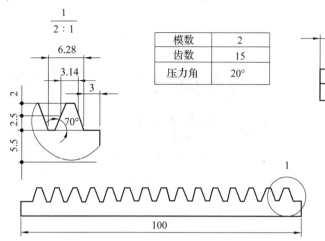

模数	2
齿数	15
压力角	20°

图 9-25　零件 2

项目 10
扇叶建模

10.1　学习目标

10.1.1　知识目标

(1)熟练掌握草图图块的制作方法。
(2)掌握草图图块的使用方法。
(3)掌握放样特征成形的操作方法。

扫一扫观看建模视频

10.1.2　能力目标

(1)能够正确分析风扇造型。
(2)具有创建投影曲线、直纹面以及加厚曲面的能力。
(3)具有进行简单曲面造型的能力。

10.1.3　素质目标

(1)培养善于观察、思考的习惯。
(2)培养手动操作的能力。
(3)培养团队协作、共同解决问题的能力。

10.2　项目展示

图 10-1 为扇叶的三维图，试根据该图纸内容绘制扇叶的三维图。

图 10-1　扇叶的三维图

10.3　项目分析

10.3.1　零件背景

扇叶广泛应用于风机、电风扇、排气扇、抽油烟机等各种降温、排气设备，在日常生活用品中非常常见。其一般由塑料制成，少数特殊场合和用途的用铝合金或其他高硬度合金制成。

10.3.2　结构分析

通过观察图 10-1 所示的扇叶造型可知，扇叶是空间曲线，属于变截面的形体。该模型的建模步骤如下：

（1）使用拉伸特征生成基体；

（2）使用放样特征生成一片扇叶基体；

（3）利用拉伸切除和圆周阵列完成扇叶的造型。

10.4　项目实施

步骤 1　新建零件。单击"新建"按钮，在"新建 SOLIDWORKS 文件"对话框中选择"零件"模板，单击"确定"按钮。选择"前视基准面"，在该基准平面上开始绘图。

步骤 2　绘制基体。单击"草图绘制"按钮，从坐标原点开始绘制如图 10-2 所示的基体草图。单击"特征"按钮，再单击"拉伸凸台/基体"按钮，设置"拉伸深度"为"10mm"，单击"确定"按钮生成拉伸特征，如图 10-3 所示。

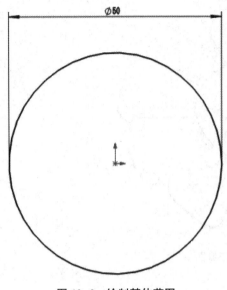

图 10-2　绘制基体草图

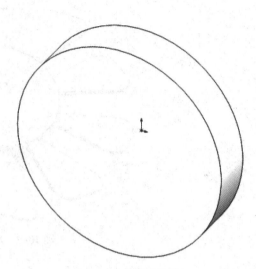

图 10-3　生成拉伸特征

步骤3　扇叶草绘1。选择圆柱上表面，单击"草图绘制"按钮 🕂，绘制如图 10-4 所示的草图，并标注尺寸。单击"工具"—"块"—"制作"，如图 10-5 所示。选取所绘制的草图制作成块，并完成草图绘制。

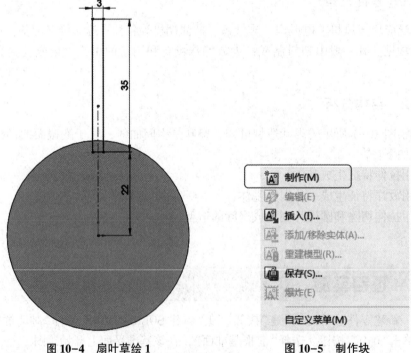

图 10-4　扇叶草绘 1

图 10-5　制作块

步骤4　扇叶草绘2。选择圆柱另一侧表面，单击"草图绘制"按钮 🕂，再单击"工具"—"块"—"插入"，将步骤 3 中制作好的块插入，如图 10-6 所示。按照图 10-7 标注尺寸，完成草图绘制。

图 10-6　插入块

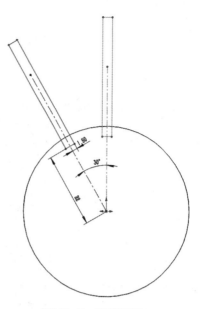

图 10-7　扇叶草绘 2

步骤 5　生成放样特征。单击"放样凸台/基体"按钮 ，设置放样参数，如图 10-8 所示。选择两个草图截面的对应点，如图 10-9 所示。取消勾选"合并结果"复选框，单击"确定"按钮，生成放样特征，如图 10-10 所示。

图 10-8　设置放样参数

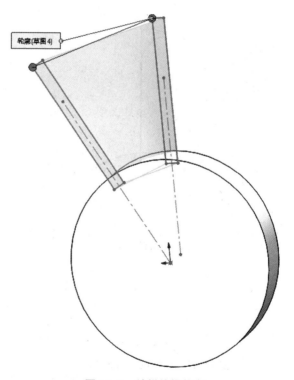

图 10-9　放样编辑状态

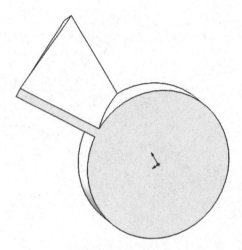

图 10-10   生成放样特征

步骤 6   生成拉伸切除特征。单击圆柱上表面，绘制如图 10-11 所示的草图，单击"确定"按钮退出草图绘制。单击"特征"按钮，再单击"拉伸切除"按钮 ，设置"给定深度"为"10mm"，并勾选"反侧切除"复选框，在"特征范围"选项区中取消勾选"自动选择"复选框，单击选择扇叶上要切除的部分，如图 10-12 所示。单击"确定"按钮生成拉伸切除特征，如图 10-13 所示。

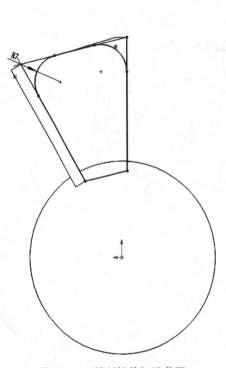

图 10-11   绘制拉伸切除草图   图 10-12   设置拉伸切除参数

步骤 7   生成圆周阵列特征。单击"特征"按钮，再单击"线性阵列"下的"圆周阵列"按

钮 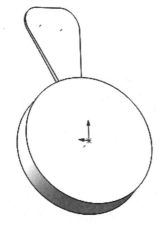圆周阵列，选择圆柱体临时轴作为阵列的中心轴，并且选择要阵列的实体，设置圆周阵列参数如图 10-14 所示。圆周阵列编辑状态如图 10-15 所示。单击"确定"按钮生成圆周阵列特征，如图 10-16 所示。

图 10-13　生成拉伸切除特征

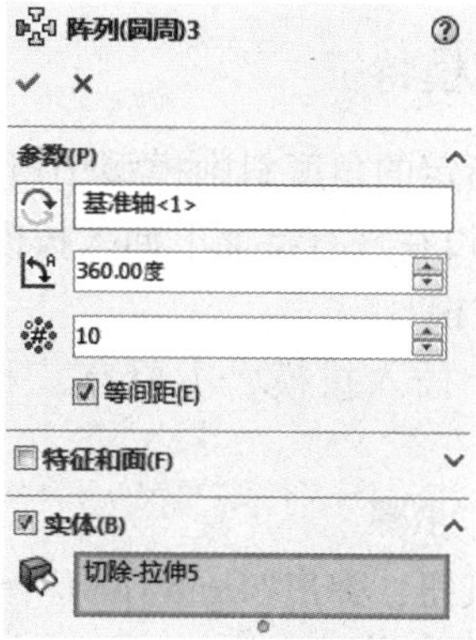

图 10-14　设置圆周阵列参数

图 10-15　圆周阵列编辑状态

图 10-16　生成圆周阵列特征

步骤 8　组合实体。单击"插入"—"特征"—"组合"，弹出如图 10-17 所示的"组合"窗格，框选扇叶实体，单击"确定"按钮完成实体的组合，如图 10-18 所示.

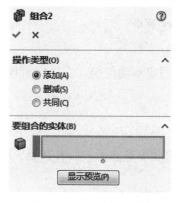

图 10-17　"组合"窗格

图 10-18　完成实体的组合

10.5　项目拓展

10.5.1　拔模特征

"拔模"是以指定的角度斜削模型中所选的面。其应用之一是使模具零件更容易脱出模具。SolidWorks 可以在现有特征上插入拔模，或者在拉伸特征时进行拔模。这里主要讲述在现有特征上插入拔模。

在现有特征上插入拔模，主要有三种方法，分别是中性面拔模、分型线拔模、阶梯拔模。

1)"拔模"操作步骤

单击"拔模"按钮，弹出"DraftXpert"窗格，如图 10-19 所示。切换至"手工"选项卡，在"拔模类型"中选择拔模类型，分别是中性面、分型线、阶梯拔模三种，再设置其他参数，参数设置完成后单击"确定"按钮，生成拔模特征。

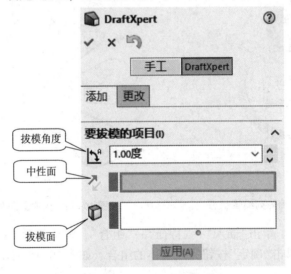

图 10-19　"DraftXpert"窗格

2)"拔模"选项说明

如图 10-20 所示，"中性面"是指在生成模具时固定不动的面，它决定着模具的拖拉方向。"DraftXpert"窗格中各选项说明如下。

拔模类型：选择"中性面"。

拔模角度：用来设定拔模度数。

中性面：在绘图建模工作区中选择作为中性面的面或基准面。如有必要，可以单击"反向"按钮，以改变拔模方向。

拔模面：在绘图建模工作区中选择需要拔模的实体面。

拔模沿面延伸：如果要将拔模延伸到额外的面，可在"拔模沿面延伸"下拉列表框中选择合适项目。

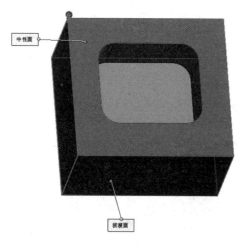
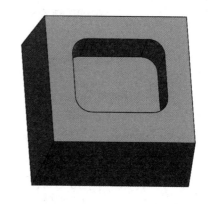

图 10-20 中性面拔模

🛠 工程师提示

中性面决定了拔模方向，中性面的 Z 轴方向为零件从铸型中弹出的方向。可单击"反向"按钮来翻转拔模方向。

在"DraftXpert"窗格中，"DraftXpert"选项卡为"专家"拔模模式，在此模式下可在拔模的过程中进行分析。

10.5.2　加厚特征

加厚特征主要用于将片体(曲面)加厚生成实体(当同时加厚多个曲面时，曲面必须缝合)。

单击"插入"—"凸台/基体"—"加厚"，选择一个曲面，并设置好加厚的方向和加厚厚度，单击"确定"按钮即可将曲面加厚，如图 10-21 所示。

图 10-21 生成加厚特征

10.5.3　曲线驱动的阵列

曲线驱动的阵列是指特征可以沿着平面或 3D 曲线进行阵列。定义阵列所选择的曲线可以是任何草图线段或者是曲线边界、实体棱边。

单击"插入"—"阵列/镜向"—"曲线驱动的阵列"，或者单击"特征"选项卡中的"曲线驱动的阵列"按钮，系统弹出"曲线驱动的阵列"窗格，如图 10-22 所示。

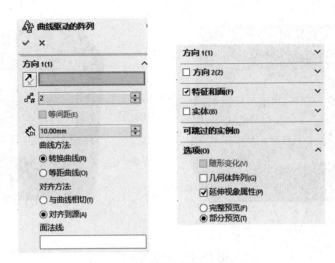

图 10-22 "曲线驱动的阵列"窗格

"曲线驱动的阵列"窗格中各选项说明如下。

阵列方向：选择一曲线、边线、草图实体或从特征管理器设计树中选择草图作为阵列的路径。如有必要，单击"反向"按钮来改变阵列的方向。

反向：改变阵列方向。

实例数：为阵列中源特征的实例数设置一个数值。

等间距：设定每个阵列实例之间的距离相等，图 10-23 所示为取消勾选"等间距"复选框的阵列效果，图 10-24 所示则是勾选"等间距"复选框的阵列效果。

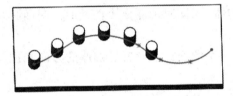

图 10-23 取消勾选"等间距"复选框的阵列效果　　图 10-24 勾选"等间距"复选框的阵列效果

间距：沿曲线为阵列实例之间的距离设置一数值。曲线与要阵列的特征之间的距离垂直于曲线而测量。

曲线方法：使用所选择的曲线来定义阵列的方向。

10.5.4　填充阵列

填充阵列功能可以利用平面定义的区域或草图，自动生成阵列特征，得到的实例充满所选的平面区域或草图设置的区域。可以生成与所选特征相同的特征实例，也可以生成系统指定形状的特征实例。

单击"插入"—"阵列/镜向"—"填充阵列"，或单击"特征"工具栏中"线性阵列"下拉列表框中的"填充阵列"按钮，弹出"填充阵列"窗格，如图 10-25 所示。

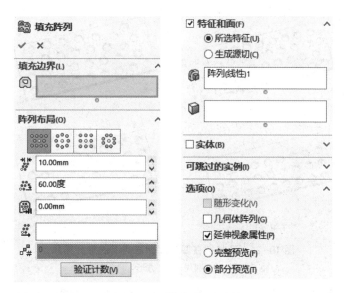

图 10-25 "填充阵列"窗格

"填充阵列"窗格中各选项说明如下。

填充边界：定义用于阵列填充的区域，可以是草图、模型表面上的平面曲线、面或共有平面的面，如果使用草图作为边界，可能需要选择阵列方向。

阵列布局：用于决定填充边界内实例的布局方式，阵列实例以源特征为中心呈同轴心分布，包括以下选项。

阵列方式：选择填充阵列的实例分布形状。"穿孔"用来生成钣金穿孔式阵列；"圆周"是阵列的特征实例以圆周形状填充整个区域；"方形"是阵列的特征实例以矩形形状填充整个区域；"多边形"是阵列的特征实例以多边形形状填充整个区域。穿孔类型的参数同后面三种不同。

实例间距：选择穿孔方式时，设定的值为实例中心间的距离；选择后三种方式时，设定的值为实例环间的距离。

交错断续角度：选择穿孔方式时，设定各实例行之间的交错断续角度，起始点位于阵列方向所用的向量。

边距：设定填充边界与最远端实例之间的边距。可以将边距的值设定为零。

阵列方向：设定作为阵列方向的参考对象，如果未指定，系统将使用最合适的对象，如选定区域最长的线性边线。

目标间距：通过设定每个环内实例间的间距来填充区域，每个环的实际间距可能不同，因此各实例会自动进行均匀调整。

每环的实例：通过设定每个环上实例的个数来填充区域。

实例数：设置每环的实例数。

系统能够根据设定的参数自动计算每个环的半径。选择了模型顶面为填充边界后，孔特征在四种阵列方式下的阵列结果，如图 10-26 所示。

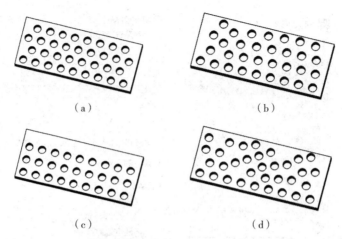

（a）　　　　　　　　　　　　　（b）

（c）　　　　　　　　　　　　　（d）

图 10-26　孔特征在四种阵列方式下的阵列结果

（a）穿孔；（b）圆周；（c）方形；（b）多边形

　　如果选择一个封闭的二维草图作为填充边界，将以草图轮廓为边界进行阵列，如图 10-27 所示。

　　另外，除了可以阵列用户自己创建的特征，还可以阵列系统提供的几种特征。在"特征和面"选项区中选择"生成源切"单选按钮，会出现四个按钮，对应着四种形状的特征，包括方形、圆形、菱形、多边形，选择一种形状，设置相应的参数，系统将阵列所选特征，如图 10-28 所示。

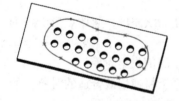

图 10-27　以草图轮廓为边界阵列　　　　　**图 10-28　阵列系统提供的特征**

10.6　项目小结

　　曲面特征是 SolidWorks 的重要组成部分，也是体现 CAD/CAM 软件建模能力的重要标志。通常情况下，使用曲面功能构造产品外形，首先要建立用于构造曲面的边界曲线，或者根据实际测量的数据点生成曲线，然后使用 SolidWorks 提供的各种曲面构造方法构造曲面。

10.7   训练与提高

（1）绘制图 10-29 所示零件的三维图。

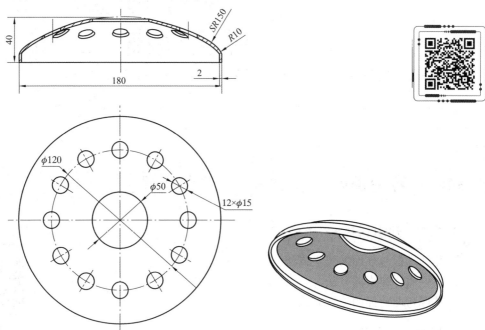

图 10-29   零件 1

（2）绘制图 10-30 所示零件的三维图。

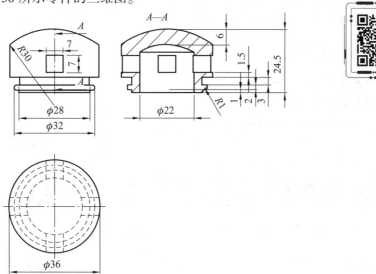

图 10-30   零件 2

项目 11
锤头建模

11.1 学习目标

11.1.1 知识目标

(1)熟练掌握基准面的建立方法。
(2)掌握放样建模的方法。
(3)掌握弯曲特征的建立方法。

扫一扫观看建模视频

11.1.2 能力目标

(1)具有对草图进行尺寸约束和几何约束的能力。
(2)具有设置放样参数的能力。
(3)具有设置弯曲参数的能力。

11.1.3 素质目标

(1)培养善于观察、思考的习惯。
(2)培养手动操作的能力。
(3)培养团队协作、共同解决问题的能力。

11.2 项目展示

图 11-1 为锤头的三维图,试根据该图纸内容绘制锤头的三维图。

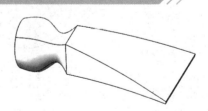

图 11-1 锤头的三维图

11.3　项目分析

11.3.1　零件背景

锤头是敲打物体使其移动或变形的工具，常用来敲钉子、矫正或是将物件敲开。锤头有各式各样的形式，其形状可以像羊角，也可以是楔形，也有圆头形的锤头。

11.3.2　结构分析

锤头主要的特征是变截面实体，即在不同的截面位置，其截面形状都不一样。该类零件的建模方法主要采用放样成形，主要建模步骤如下：

（1）利用"放样"命令创建锤头头部；

（2）利用"放样"命令创建锤头尾部；

（3）利用"弯曲"命令创建锤头尾部弯曲。

11.4　项目实施

步骤 1　新建基准面 1。单击"特征"按钮，选择"参考几何体"，再单击"基准面"按钮，弹出"基准面"窗格。设置基准面 1 参数，如图 11-2 所示，生成基准面 1 如图 11-3 所示。

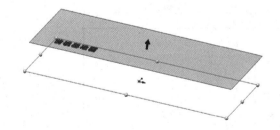

图 11-2　设置基准面 1 参数　　　　　图 11-3　生成基准面 1

步骤 2　新建基准面 2。以基准面 1 为第一参考，设置基准面 2 参数，如图 11-4 所示，生成基准面 2 如图 11-5 所示。

图 11-4　设置基准面 2 参数

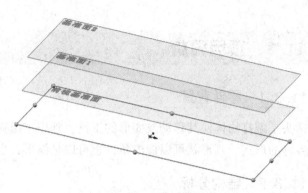

图 11-5　生成基准面 2

步骤 3　新建基准面 3。以基准面 2 为第一参考，设置基准面 3 参数，如图 11-6 所示，生成基准面 3 如图 11-7 所示。

图 11-6　设置基准面 3 参数

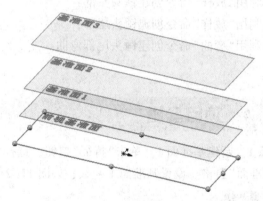

图 11-7　生成基准面 3

步骤 4　绘制草图 1。选择"前视基准面"进行草图绘制并标注尺寸，如图 11-8 所示。

步骤 5　绘制草图 2。选择"基准面 1"进行草图绘制并标注尺寸，如图 11-9 所示。

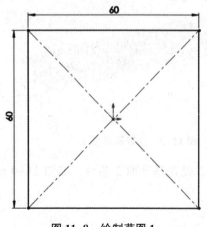

图 11-8　绘制草图 1

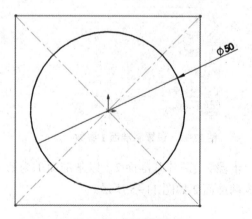

图 11-9　绘制草图 2

步骤 6　绘制草图 3。选择"基准面 2"进行草图绘制，绘制步骤 4 所绘正方形的外接圆，如图 11-10 所示。

步骤 7 绘制草图 4。选择"基准面 3"进行草图绘制，绘制步骤 4 所绘正方形的外接圆，如图 11-11 所示。

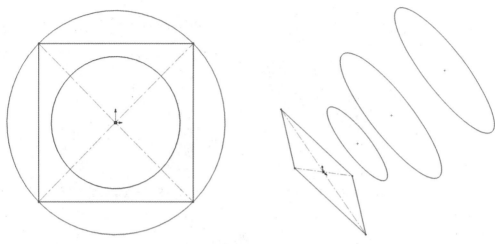

图 11-10 绘制草图 3   图 11-11 绘制草图 4

步骤 8 生成放样特征 1。单击"放样凸台/基体"按钮 ❖，设置放样特征 1 参数，如图 11-12 所示。在图形区域中选择草图时，要注意在每个轮廓的对应位置单击，如图 11-13 所示。单击"确定"按钮生成放样特征 1，如图 11-14 所示。

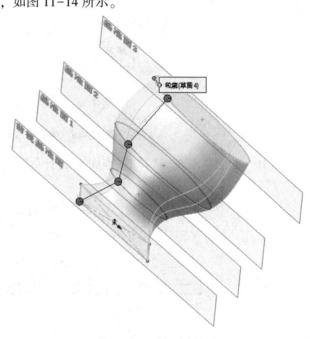

图 11-12 设置放样特征 1 参数   图 11-13 放样编辑状态

步骤 9 新建基准面 4。以"前视基准面"为第一参考，设置基准面 4 参数，如图 11-15 所示，生成基准面 4 如图 11-16 所示。

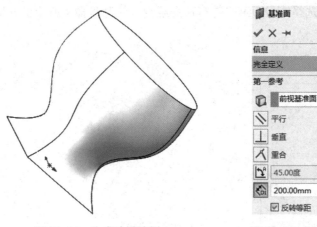

图 11-14　生成放样特征 1　　　　　　图 11-15　设置基准面 4 参数

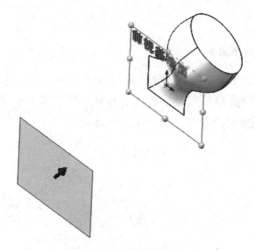

图 11-16　生成基准面 4

步骤 10　绘制草图 5。选择"基准面 4"进行草图绘制，绘制如图 11-17 所示的草图，并标注尺寸。

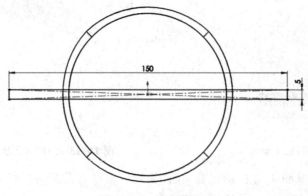

图 11-17　绘制草图 5

步骤 11　生成放样特征 2。单击"放样凸台/基体"按钮 ![icon]，设置放样特征 2 参数，如图 11-18 所示。选择草图 4 和草图 1，单击"确定"按钮生成放样特征 2，如图 11-19 所示。

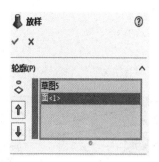

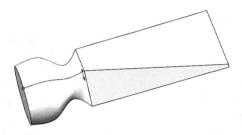

图 11-18　设置放样特征 2 参数　　　　图 11-19　生成放样特征 2

步骤 12　生成弯曲特征。单击"插入"—"特征"—"弯曲"，设置弯曲特征参数，如图 11-20 所示。选择"弯曲输入"为"放样 2"，将光标移到图 11-21 所示的球心，右击，执行弹出快捷菜单的"对齐到"命令，如图 11-22 所示，在拓展弹出的特征管理器设计树中，单击"右视基准面"。单击"剪裁基准面 2"，再次移动光标到球心并右击，执行弹出快捷菜单的"移动三重轴到基准面 2"命令，如图 11-23 所示。设置"弯曲距离"为"1000mm"，如图 11-24 所示。将光标移到剪裁基准面 1 的边线之一上，如图 11-25 所示。按住左键拖动光标，生成锤头的弯曲特征，如图 11-26 所示。

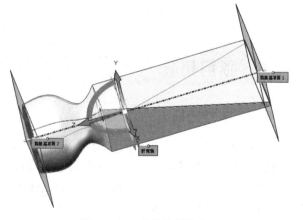

图 11-20　设置弯曲特征参数　　　　图 11-21　弯曲编辑状态 1

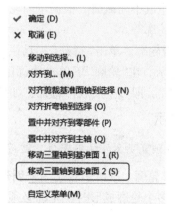

图 11-22　"对齐到"命令　　　图 11-23　"移动三重轴到基准面 2"命令

图 11-24 设置"弯曲距离"

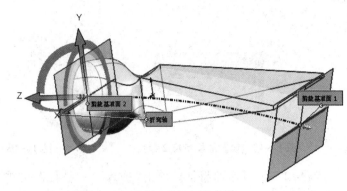

图 11-25 弯曲编辑状态 2

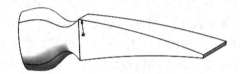

图 11-26 生成弯曲特征

11.5 项目拓展

11.5.1 放样特征

"放样"是通过在草图截面之间进行过渡生成特征。"放样"可以生成基体、凸台、薄壁特征或曲面。放样草图可以为两个或多个封闭的截面，仅第一个或最后一个轮廓可以是点，也可以这两个轮廓都是点。放样特征可以分为三种类型：简单放样、使用引导线放样和使用中心线放样。这里仅介绍简单放样。

简单放样是不设置引导线的一种放样方法，是由两个或两个以上的草图截面形成的特征，系统自动生成中间截面。根据草图轮廓数量及特征，简单放样又可分为非平滑轮廓、平滑多轮廓及点轮廓等。

（1）非平滑轮廓。单击"特征"工具栏中的"放样凸台/基体"按钮 ，弹出"放样"窗格，如图 11-27 所示。在"轮廓"下单击轮廓区域，然后在绘图建模工作区中选择"放样轮廓 1"和"放样轮廓 2"，即可生成放样特征，如图 11-28 所示。

🔧 工程师提示

如果放样预览显示放样不理想，重新选择或将草图重新组序以在轮廓中连接不同的点。

（2）平滑多轮廓。平滑多轮廓用来创建三个及以上轮廓形成的放样特征，轮廓间是以一曲线连接的。多个轮廓成形时，轮廓必须按顺序选取。单击"放样凸台/基体"按钮 ，弹出"放样轮廓 1""放样轮廓 2""放样轮廓 3"和"放样轮廓 4"，即可生成平滑多轮廓放样特征，如图 11-29 所示。

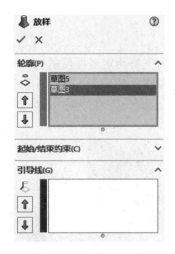

图 11-27　"放样"窗格

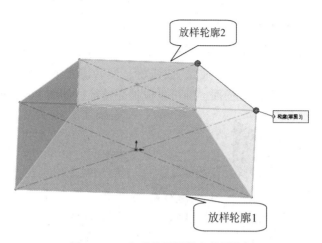

图 11-28　生成非平滑轮廓放样特征

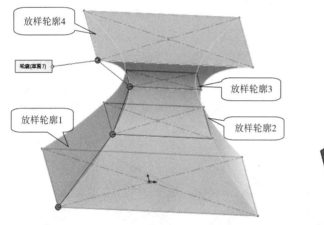

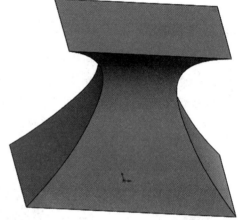

图 11-29　生成平滑多轮廓放样特征

（3）点轮廓。点轮廓即两个放样的轮廓中，有一个草图是点（可为草图点或实体顶点）。单击"放样凸台/基体"按钮，弹出"放样"窗格。在绘图建模工作区中选择"放样轮廓 1"和"放样轮廓 2"，即可生成点轮廓放样特征，如图 11-30 所示。

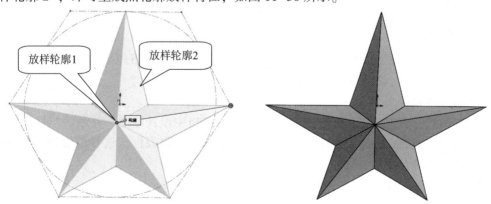

图 11-30　生成点轮廓放样特征

11.5.2 抽壳特征

抽壳特征常见于塑料或铸造零件，用于挖空实体的内部，留下有指定壁厚度的壳。单击"特征"工具栏中的"抽壳"按钮 🔲，然后设置抽壳厚度，并选择移除的面（也可不移除面），再设置特殊厚度的面，即可生成抽壳特征，如图11-31所示。

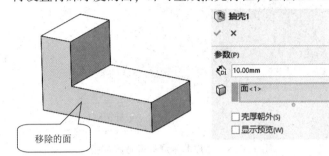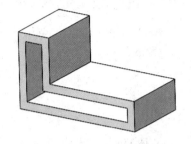

图11-31 生成抽壳特征

🔧 工程师提示

抽壳时，在创建抽壳特征之前添加到实体的所有特征都将被掏空，因此，创建抽壳特征的顺序非常重要。顺序不同，建模的效果也不同，如图11-32所示。图11-32(a)为抽壳前的效果；图11-32(b)为先拉伸，再打孔，最后抽壳的效果；图11-32(c)为先拉伸，再抽壳，最后打孔的效果。

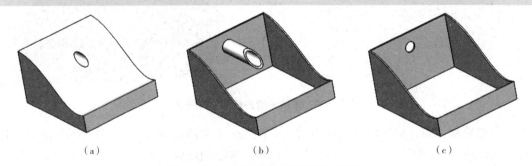

(a)   (b)   (c)

图11-32 抽壳顺序对建模效果的影响

(a)抽壳前；(b)先拉伸，再打孔，最后抽壳；(c)先拉伸，再抽壳，最后打孔

1）等厚度抽壳

单击"特征"工具栏上的"抽壳"按钮 🔲，在"抽壳"窗格中设置厚度，选择移除面，则可生成等厚度抽壳特征，如图11-33所示。

2）不等厚度抽壳

单击"特征"工具栏上的"抽壳"按钮，在"抽壳"窗格中设置厚度，并激活"移除面"列表框，选择被移除的面；然后设置多厚度，激活"多厚度面"列表框，选择欲设定不等厚度的面，则可生成不等厚度抽壳特征，如图11-34所示。

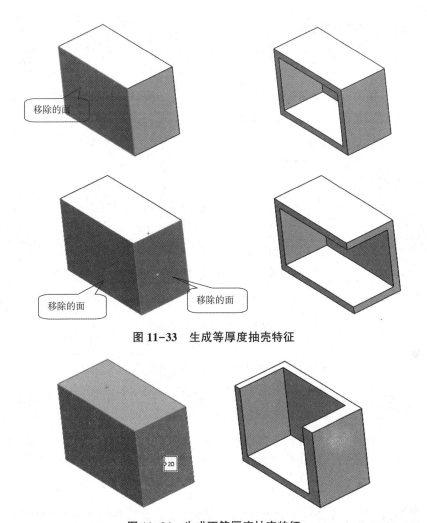

图 11-33 生成等厚度抽壳特征

图 11-34 生成不等厚度抽壳特征

11.5.3 弯曲特征

弯曲特征是指通过直观的方式对复杂的模型进行变形操作，可以生成"折弯""扭曲""锥削"和"伸展"四种类型的弯曲特征，分别如图 11-35 ~ 图 11-38 所示。

单击"插入"—"特征"—"弯曲"，弹出"弯曲"窗格，如图 11-39 所示，选择目标实体，再选择一种弯曲类型，设置三重轴的位置和剪裁基准面的位置等参数，单击"确定"按钮即可将实体弯曲。

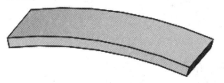

图 11-35 折弯实体

图 11-36 扭曲实体

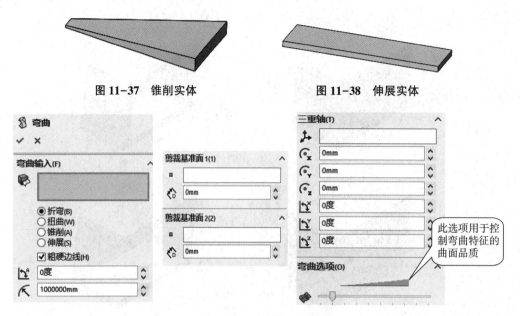

图 11-37　锥削实体　　　　　　　图 11-38　伸展实体

图 11-39　"弯曲"窗格

此选项用于控制弯曲特征的曲面品质

11.6　项目小结

本项目用到了放样和弯曲特征。弯曲特征是一种比较特别的实体特征，它是以已经成形的实体特征为编辑对象的。弯曲特征提供了折弯、扭曲、锥削和伸展四种方式。

11.7　训练与提高

（1）绘制图 11-40 所示帽子的三维图。

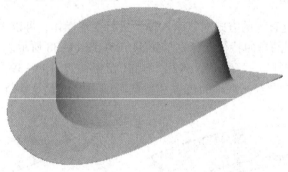

图 11-40　帽子

（2）绘制图 11-41 所示零件的三维图。

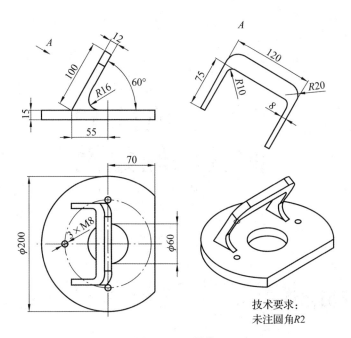

图 11-41　零件

技术要求：
未注圆角R2

项目 12
圆柱凸轮建模

12.1　学习目标

12.1.1　知识目标

(1)熟练掌握样条曲线的绘制方法。
(2)掌握方程式的使用方法。
(3)掌握包覆特征的建立方法。

扫一扫观看建模视频

12.1.2　能力目标

(1)具有通过方程式来构建变量之间关系的能力。
(2)具有设置包覆参数的能力。

12.1.3　素质目标

(1)培养善于观察、思考的习惯。
(2)培养手动操作的能力。
(3)培养团队协作、共同解决问题的能力。

12.2　项目展示

图 12-1 为圆柱凸轮的三维图,试根据该图纸内容绘制圆柱凸轮的三维图。

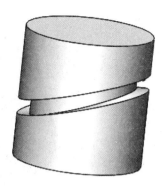

图 12-1   圆柱凸轮的三维图

12.3   项目分析

12.3.1   零件背景

圆柱凸轮是一个在圆柱面上开有曲线凹槽或在圆柱端面上做出曲线轮廓的构件，它可以看作是将移动凸轮卷成圆柱体演化而成的。

12.3.2   结构分析

圆柱凸轮主要依靠表面的沟槽来带动从动件运动，因此圆柱表面的沟槽是该零件最主要的特征。该零件的建模步骤如下：

（1）创建圆柱基体；

（2）绘制从动件运动线图；

（3）切出沟槽。

12.4   项目实施

步骤 1   新建零件。单击"新建"按钮，在"新建 SOLIDWORKS 文件"对话框中选择"零件"模板，单击"确定"按钮。选择"前视基准面"，在该基准平面上开始绘图。

步骤 2   绘制草图。单击"直线"按钮，绘制如图 12-2 所示的草图并标注尺寸。

步骤 3   生成拉伸特征。单击"特征"按钮，再单击"拉伸凸台/基体"按钮 ，在"凸台-拉伸"窗格中设置"拉伸深度"为"100mm"。单击"确定"按钮生成拉伸特征，如图 12-3 所示。

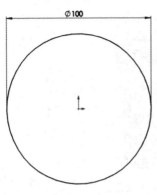

图 12-2 绘制草图

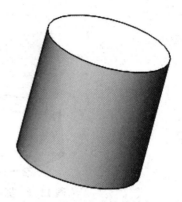

图 12-3 生成拉伸特征

步骤 4 新建基准面 1。单击"特征"按钮，选择"参考几何体"选项，再单击"基准面"按钮 📖 基准面，弹出"基准面"窗格，设置参数如图 12-4 所示，选择"第一参考"为"上视基准面"，选择"距离"选项，设置新建基准面与上视基准面距离为"50mm"，单击"确定"按钮生成基准面 1，如图 12-5 所示。

图 12-4 "基准面"窗格

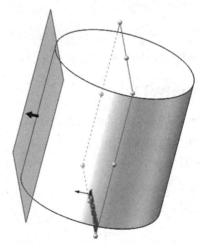

图 12-5 生成基准面 1

步骤 5 绘制样条曲线。选择基准面 1 进行草图绘制，利用"样条曲线"命令绘制如图 12-6 所示的三点样条曲线。

单击"智能尺寸标注"按钮，再分别单击曲线的两个端点，标注其水平方向的距离，在弹出的"修改"对话框中输入"=pi*100"，如图 12-7 所示。

单击"智能尺寸标注"按钮，再分别单击曲线的中点与左端点，标注其水平方向的距离，在弹出的"修改"对话框中输入"=pi*100/2"，如图 12-8 所示。单击"确定"按钮后即可使样条曲线的中点到中间位置。

单击"智能尺寸标注"按钮，分别标注曲线的左端点与圆柱的底边、曲线的左端点与中点的垂直距离均为"30mm"，如图 12-9 所示。

工程师提示

在"修改"对话框中输入"="表示输入的是方程式；这里输入的方程式"=pi * 100"是建立的圆柱周长，其中"pi"是 SolidWorks 默认的圆周率；标注的左端点和样条曲线中点的垂直距离就是从动件的推程，即凸轮能将从动件推出的最大位移量。

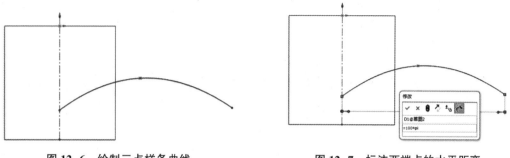

图 12-6　绘制三点样条曲线　　　　　　图 12-7　标注两端点的水平距离

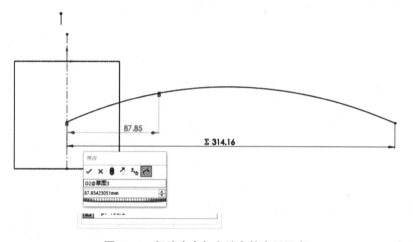

图 12-8　标注中点与左端点的水平距离

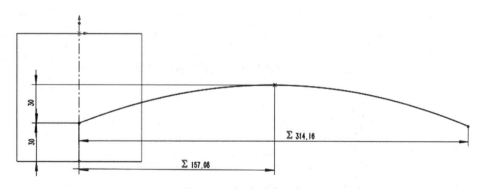

图 12-9　标注垂直距离

步骤 6　添加几何约束。选择样条曲线的左右端点，添加"水平"约束，如图 12-10 所示。单击样条曲线，出现如图 12-11 所示的控制柄。单击右端点的控制柄，添加"水平"约束，如图 12-12 所示。同理，添加左端点控制柄的"水平"约束，如图 12-13 所示。

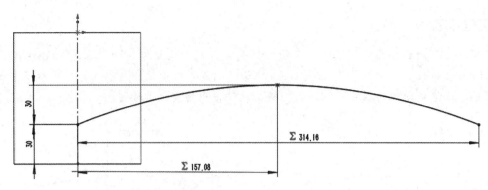

图 12-10　添加"水平"约束

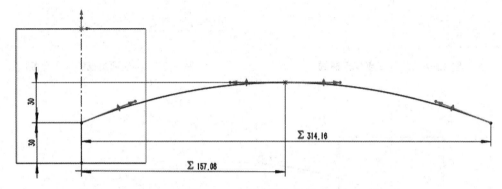

图 12-11　单击样条曲线

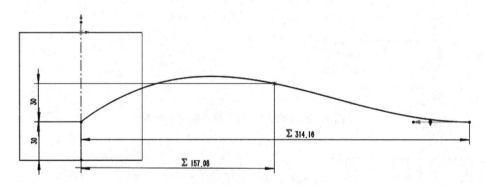

图 12-12　添加右端点控制柄的"水平"约束

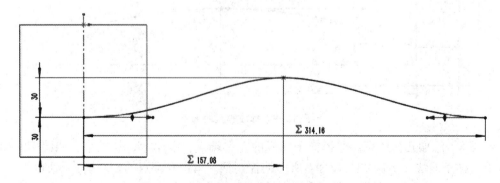

图 12-13　添加左端点控制柄的"水平"约束

工程师提示

这里添加样条曲线的两个端点控制柄的"水平"约束，是为了保证从动件在运动过程中能减少冲击。

步骤 7　绘制偏距曲线。假设凸轮从动件厚度为 10mm，单击草绘中的"等距实体"按钮，设置"偏置距离"为"10mm"，并在两端点增加两条直线将草图绘制成封闭草图，如图 12-14 所示。

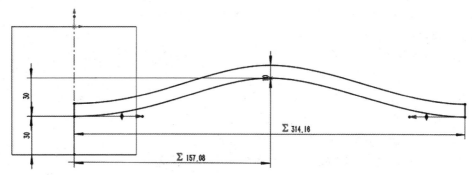

图 12-14　绘制偏距曲线

步骤 8　切出沟槽。单击"插入"—"特征"—"包覆"，弹出"包覆"窗格，如图 12-15 所示。分别选择包覆面和包覆草图，选择"蚀雕"单选按钮，设置"切出深度"为"10mm"，如图 12-16 所示。单击"确定"按钮，生成圆柱凸轮实体，如图 12-17 所示。

图 12-15　"包覆"窗格

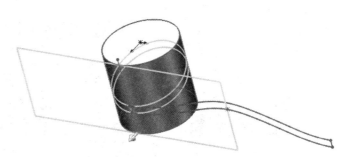

图 12-16　包覆特征

图 12-17　生成圆柱凸轮实体

12.5 项目拓展

12.5.1 压凹特征

压凹是指通过使用厚度和间隙值生成特征，压凹将在所选择的目标实体上生成与所选工具实体轮廓相类似的凸起特征。

单击菜单栏中的"插入"—"特征"—"压凹"，系统弹出"压凹"窗格，如图 12-18 所示。在"压凹"窗格中，各选项的含义如下。

目标实体：选择要压凹的实体或曲面实体。

保留选择、移除选择：选择要保留或者移除的模型边线。

工具实体区域：选择一个或多个实体或曲面实体。

切除：勾选此复选框，则移除目标实体的交叉区域，无论是实体还是曲面，即使没有厚度，也存在间隙。

厚度：设定压凹特征的厚度。

间隙：确定目标实体和工具实体之间的间隙。如有必要，单击"反向"按钮。

图 12-18 "压凹"窗格

为了更好地观察压凹特征的效果，可以将工具实体隐藏，在特征管理器设计树中右击所要隐藏的特征，在弹出的快捷菜单中执行"隐藏"命令，目标实体的压凹效果如图 12-19 所示。

图 12-19 目标实体的压凹效果

12.5.2 缩放比例

缩放比例是指在零件或曲面模型的重心或模型原点处进行缩放操作。比例缩放特征仅缩放模型几何体，在数据输出、型腔中使用将不会缩放尺寸、草图或参考几何体。

单击菜单栏中的"插入"—"特征"—"缩放比例"，系统弹出"缩放比例"窗格，如图12-20 所示。

图 12-20　"缩放比例"窗格

在"缩放比例"窗格中，各选项的含义如下。

比例缩放点：作为缩放比例的模型所绕的点，包括重心、原点、坐标系三种缩放点类型。

统一比例缩放：若勾选"统一比例缩放"复选框，则设定比例因子；若取消勾选"统一比例缩放"复选框，则为 X 比例因子、Y 比例因子及 Z 比例因子单独设置数值。

比例因子：要缩放的倍数。

12.5.3　系列零件建模

现在许多企业的产品呈多样化发展的趋势，小批量、多品种、多规格的生产模式要求生产许多形状相似、尺寸不同的零件，SolidWorks 提供了这种产品设计系列化的功能。零件配置的生成和管理可以采用一种更加方便和高效的方法——系列零件设计表。这是通过编辑 Excel 表来更改零件配置的方法，而不需要像设定零件配置那样逐一设定尺寸和特征构成，在系列化效率上高出很多。

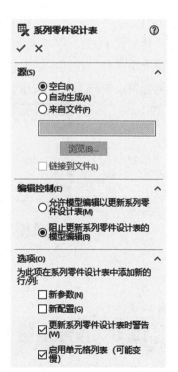

通过在嵌入的 Excel 工作表中指定参数，可以使用零件明细表构建多个不同配置的零件或者装配体。SolidWorks 提供了三种系列零件设计表的创建方法：自动插入系列零件设计表、插入空白的系列零件设计表、插入外部的 Excel 文件作为系列零件设计表。不同方法大同小异，这里只介绍第二种，其他两种方法读者可以通过自学掌握。第二种方法的操作步骤如下。

（1）在零件或装配体文件中，单击"插入"—"表格"—"系列零件设计表"，弹出"系列零件设计表"窗格，如图12-21 所示。

（2）在"源"选项区中选择"空白"单选按钮。

图 12-21　"系列零件设计表"窗格

（3）在"编辑控制"选项区中选择"阻止更新系列零件设计表的模型编辑"单选按钮。在"选项"选项区中勾选"更新系列零件设计表时警告"复选框，取消勾选"新参数"和"新配置"复选框。

（4）单击"确定"按钮，一个嵌入的工作表出现在窗口中，而且 Excel 工具栏会替换 SolidWorks 工具栏。根据所选择的设定，对话框可能出现"您想添加哪些尺寸或参数"的提示。此时单元格 A1 为系列零件设计表名：<模型名称>。单元格 A3 包含第一个新配置的默认名称：第一实例。

（5）在第二行中，输入想控制的参数。保留单元格 A2 为空白，注意单元格 Y2 为激活状态。

（6）在 A 列（单元格 A3、A4 等）中输入想生成的配置名称。名称可以包括数字，但不能包含斜线（/）或字符@。

（7）在工作表单元格中输入参数值。

（8）向工作表中添加完信息后，在表格外单击将其关闭，信息列出所生成的配置。

（9）单击"确定"按钮，将系列零件设计表插入模型中，系列零件设计表在特征管理器设计树中显示。

12.5.4　系列零件设计表的格式化

当在 SolidWorks 中使用系列零件设计表时，将表格妥当格式化很重要，即表格必须"合法"，下面介绍如何将系列零件设计表格式化。

在"系列零件设计表"窗格中选择"自动生成"或"空白"单选按钮，SolidWorks 将自动生成 Excel 文件，自动生成的系列零件设计表包括"Family"单元格。根据默认，单元格 A2 保留为"Family"单元格，此单元格决定参数和配置数据从何处开始。"Family"单元格不包含文字，然而在 Excel 中，名称框显示"Family"。当编辑一系列零件设计表时，可在"Family"单元格上生成行，在其左侧生成列。只要配置名称和 SolidWorks 参数在"Family"单元格以下或右侧保留，如图 12-22 所示，系列零件设计表就有效。

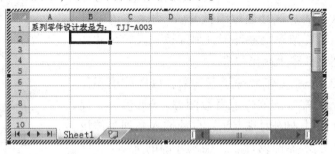

图 12-22　自动生成的系列零件设计表

12.6　项目小结

本项目用到了样条曲线，样条曲线是一种非常灵活的曲线绘制工具，可根据给定点的位置、斜率等条件，绘制出各种形式的曲线。样条曲线在曲面建模中尤其常用，因此掌握样条曲线的使用方法对日后的学习有很大帮助。此外，本项目还介绍了包覆特征的建立方法。

12.7　训练与提高

（1）绘制图 12-23 所示零件的三维图。

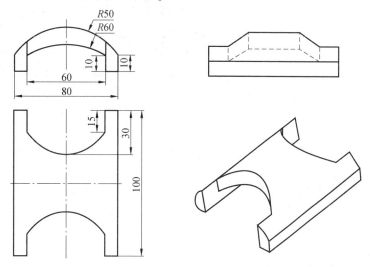

图 12-23　零件 1

（2）绘制图 12-24 所示零件的三维图。

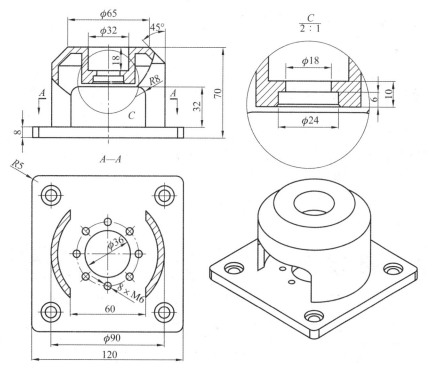

图 12-24　零件 2

项目 13
箱体建模

13.1 学习目标

13.1.1 知识目标

(1)熟练掌握二维草图的绘制方法。
(2)掌握拉伸建模的方法。
(3)掌握筋特征的建立方法。

扫一扫观看建模视频

13.1.2 能力目标

(1)具有对草图进行尺寸约束和几何约束的能力。
(2)具有设置镜向参数的能力。
(3)具有设置圆角参数的能力。

13.1.3 素质目标

(1)培养善于观察、思考的习惯。
(2)培养手动操作的能力。
(3)培养团队协作、共同解决问题的能力。

13.2 项目展示

图 13-1 为箱体的二维及三维图,试根据该图纸内容绘制箱体的三维图。

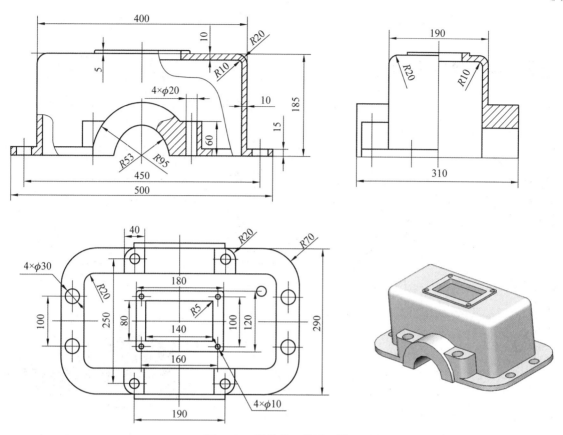

图 13-1　箱体的二维及三维图

13.3　项目分析

13.3.1　零件背景

　　箱体类零件一般起着支承、容纳、定位和密封等作用，因此这类零件多数是中空的壳体，具有内腔和壁，此外还常具有轴孔、轴承孔、凸台和肋板等结构。为方便其他零件的安装，常设计有安装底板、法兰、安装孔和螺孔等结构。为了防止尘埃、污物进入箱体，通常要使箱体密封，因此箱体上常有用于安装密封毡圈、密封垫片的结构。多数箱体内安装有运动零件，为了润滑，箱体内常盛有润滑油。

13.3.2　结构分析

　　箱体类零件的箱壁部分常有供安装箱盖、轴承盖、油标、油塞等零件的凸缘、凸台、凹坑、螺孔等结构。其建模的方法一般比较复杂，需要综合利用各种特征建模方式。

13.4 项目实施

步骤 1 新建零件。单击"新建"按钮，在"新建 SOLIDWORKS 文件"对话框中选择"零件"模板，单击"确定"按钮。选择"前视基准面"，在该基准平面上开始绘图。

步骤 2 生成拉伸特征 1。在前视基准面进行草图绘制，绘制如图 13-2 所示的草图并标注尺寸。单击"特征"按钮，再单击"拉伸凸台/基体"按钮，设置"拉伸深度"为"15mm"，单击"确定"按钮生成拉伸特征 1，如图 13-3 所示。

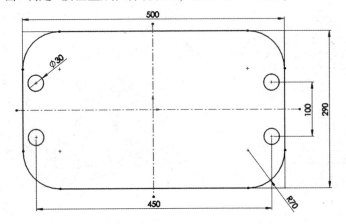

图 13-2　拉伸特征 1 草图　　　　　　　　　　图 13-3　生成拉伸特征 1

步骤 3 生成拉伸特征 2。在步骤 2 得到的拉伸特征上进行草图绘制，绘制如图 13-4 所示的草图并标注尺寸。单击"特征"按钮，再单击"拉伸凸台/基体"按钮，设置"拉伸深度"为"170mm"，单击"确定"按钮生成拉伸特征 2，如图 13-5 所示。

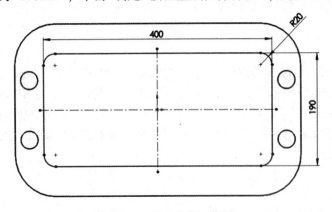

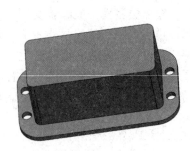

图 13-4　拉伸特征 2 草图　　　　　　　　　　图 13-5　生成拉伸特征 2

步骤 4 生成拉伸特征 3。在步骤 3 得到的拉伸特征上进行草图绘制，绘制如图 13-6 所示的草图并标注尺寸。单击"特征"按钮，再单击"拉伸凸台/基体"按钮，设置"拉伸深度"为"5mm"，单击"确定"按钮生成拉伸特征 3，如图 13-7 所示。

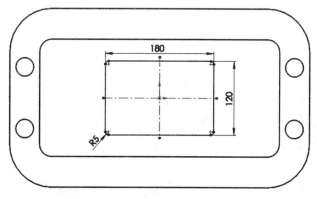

图 13-6　拉伸特征 3 草图

图 13-7　生成拉伸特征 3

　　步骤 5　生成拉伸特征 4。选择"上视基准面"，绘制如图 13-8 所示的草图并标注尺寸。单击"特征"按钮，再单击"拉伸凸台/基体"按钮，设置"拉伸方向"为"对称拉伸"，"拉伸深度"为"310mm"，单击"确定"按钮生成拉伸特征 4，如图 13-9 所示。

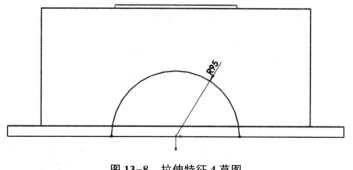

图 13-8　拉伸特征 4 草图

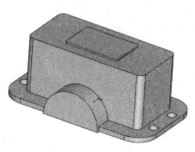

图 13-9　生成拉伸特征 4

　　步骤 6　生成拉伸特征 5。选择箱体的前端面，绘制如图 13-10 所示的草图并标注尺寸。单击"特征"按钮，再单击"拉伸凸台/基体"按钮，设置"终止条件"为"成形到下一面"，单击"确定"按钮生成拉伸特征 5，如图 13-11 所示。

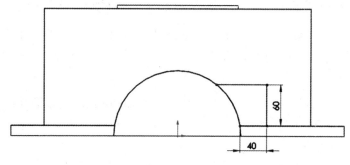

图 13-10　拉伸特征 5 草图

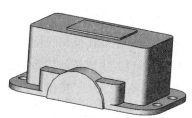

图 13-11　生成拉伸特征 5

　　步骤 7　生成倒角特征 1。单击"特征"按钮，再单击"圆角"按钮，选择需要倒角的两条边，如图 13-12 所示，设置"倒角数值"为"20mm"，单击"确定"按钮生成倒角特征 1。

　　步骤 8　镜向特征。单击"特征"按钮，再单击"镜向"按钮，选择需要镜向的步骤 6、7

所建立的特征，单击"确定"按钮生成镜向特征，如图 13-13 所示。

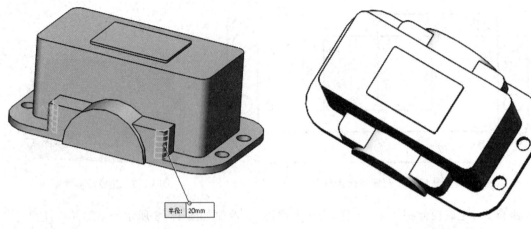

图 13-12 生成倒角特征 1   图 13-13 生成镜向特征

步骤 9 生成拉伸切除特征 1。选择箱体的底部端面，绘制如图 13-14 所示的草图并标注尺寸。单击"特征"按钮，再单击"拉伸切除"按钮，设置"拉伸切除深度"为"175mm"，单击"确定"按钮生成拉伸切除特征 1，如图 13-15 所示。

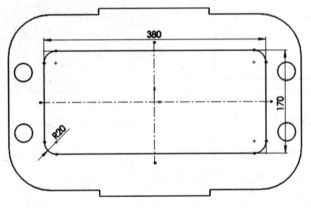

图 13-14 拉伸切除特征 1 草图   图 13-15 生成拉伸切除特征 1

步骤 10 生成拉伸切除特征 2。选择箱体的上部端面，绘制如图 13-16 所示的草图并标注尺寸。单击"特征"按钮，再单击"拉伸切除"按钮，设置"终止条件"为"完全贯穿"，单击"确定"按钮生成拉伸切除特征 2，如图 13-17 所示。

步骤 11 生成拉伸切除特征 3。选择四个小台上表面，绘制如图 13-18 所示的草图并标注尺寸。单击"特征"按钮，再单击"拉伸切除"按钮，设置"终止条件"为"完全贯穿"，单击"确定"按钮生成拉伸切除特征 3，如图 13-19 所示。

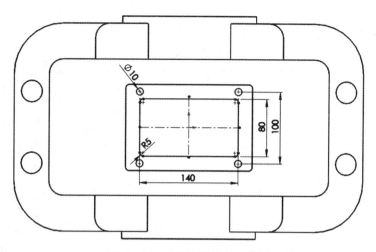

图 13-16　拉伸切除特征 2 草图

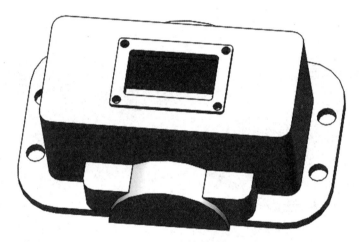

图 13-17　生成拉伸切除特征 2

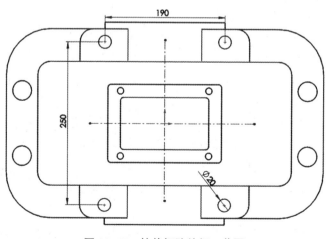

图 13-18　拉伸切除特征 3 草图

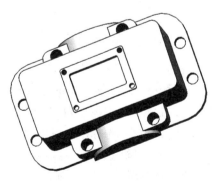

图 13-19　生成拉伸切除特征 3

步骤 12　生成拉伸切除特征 4。选择箱体前表面，绘制如图 13-20 所示的草图并标注尺寸。单击"特征"按钮，再单击"拉伸切除"按钮，设置"拉伸切除深度"为"完全贯穿"，单击

"确定"按钮生成拉伸切除特征 4，如图 13-21 所示。

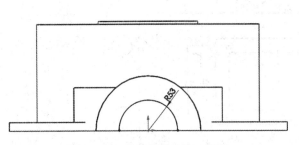

图 13-20　拉伸切除特征 4 草图

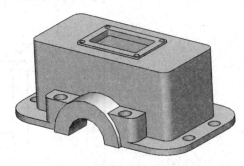

图 13-21　生成拉伸切除特征 4

步骤 13　生成倒角特征 2。单击"特征"按钮，再单击"圆角"按钮，选择需要倒角的边，如图 13-22 所示，设置"倒角数值"为"20mm"，单击"确定"按钮生成倒角特征 2，如图 13-23 所示。

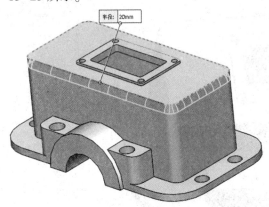

图 13-22　选择需要倒角的边

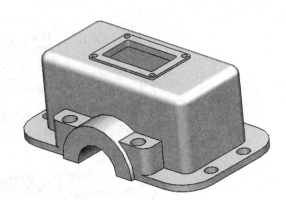

图 13-23　生成倒角特征 2

13.5　项目拓展

13.5.1　镜向特征

镜向就是把现有实体或特征(可以是一个或多个)沿面或基准面镜向，使镜向所得的特征与原始特征关于镜向基准面对称的方法。镜向可分为镜向特征和镜向实体两种方法。

单击"特征"按钮，再单击"镜向"按钮，弹出"镜向"窗格，如图 13-24 所示。激活"要镜向的特征"选择框，设置窗格中各参数，再单击"确定"按钮，即可完成镜向。

"特征范围"选项区各选项的含义如下。

所有实体：每次特征重新生成时，都要应用到所有的实体。

所选实体：应用特征到所选择的实体。

自动选择：当以多实体零件生成模型时，特征将自动处理所有相关的交叉零件。

"选项"选项区各选项的含义如下。

几何体阵列：加速阵列的生成和重建，若想镜向多实体零件上的特征阵列，则必须选择"几何体阵列"。

延伸视象属性：若选择"延伸视象属性"，则将镜向实体的颜色、纹理与装饰螺纹线数据延伸至所有阵列实例中。

设置完参数，单击"确定"按钮生成镜向特征，如图 13-25 所示。

图 13-24   "镜向"窗格

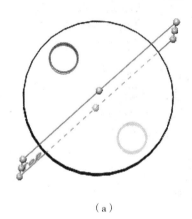

（a）

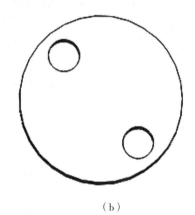

（b）

图 13-25   生成镜向特征

（a）镜向前；（b）镜向后

13.5.2   组合特征

通过对实体对象进行组合操作，可以获取一个新的实体。单击"特征"工具栏中的"组合"按钮 ⬢（或单击"插入"—"特征"—"组合"），弹出"组合"窗格，如图 13-26 所示。其参数设置方法如下。

添加：对选择的实体进行组合操作，选择该单选按钮，属性设置如图 13-26（a）所示，单击"实体"选择框，在绘图建模工作区选择要组合的实体，单击"确定"按钮，生成添加组合，如图 13-27 所示。

删减：选择"删减"单选按钮，属性设置如图 13-26（b）所示，单击"主要实体"选项区中的"实体"选择框，在绘图建模工作区选择要保留的实体。单击"减除的实体"选项区中的"实体"选择框，在绘图建模工作区选择要删除的实体。单击"确定"按钮，生成删减组合，如图13-28所示。

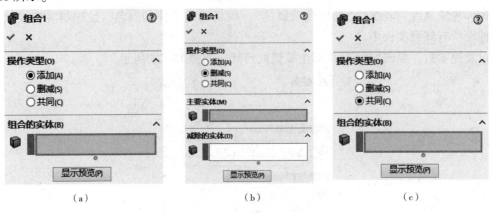

（a）　　　　　　　　　（b）　　　　　　　　　（c）

图 13-26　"组合"窗格

（a）添加；（b）删减；（c）共同

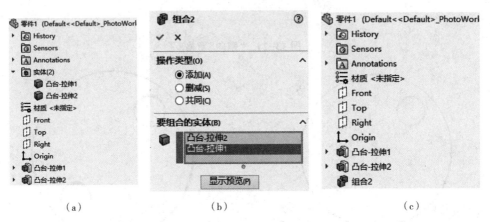

（a）　　　　　　　　　（b）　　　　　　　　　（c）

图 13-27　生成添加组合

（a）组合前；（b）组合；（c）组合后

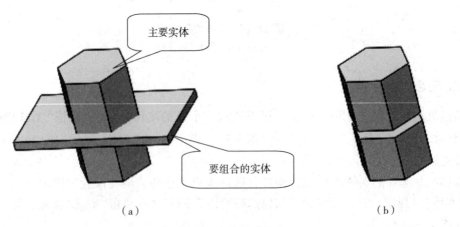

（a）　　　　　　　　　　　　　　　　　（b）

图 13-28　生成删减组合

（a）组合前；（b）组合后

共同：移除除重叠之外的所有材料。选择"共同"单选按钮，属性设置如图 13-26(c) 所示，单击"实体"选择框，在绘图建模工作区选择有重叠部分的实体。单击"确定"按钮，生成共同组合，如图 13-29 所示。

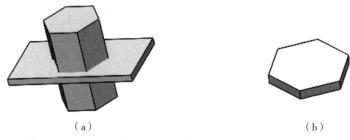

（a） （b）

图 13-29 生成共同组合

（a）组合前；（b）组合后

13.5.3 特征的压缩、解压缩、轻化

特征的压缩、轻化可以使特征不显示在图形区域，而且避免可能参与的计算。

在模型建立过程中，对于某些比较复杂的图形，适当压缩、轻化特征可以加快模型的重建速度。

1）压缩特征

当压缩特征时，特征从模型中移除（但不是删除）。特征从模型视图上消失并在特征管理器设计树中显示为灰色。如果特征有子特征，那么子特征也一起被压缩。具体的特征压缩主要有以下两种方法。

（1）在特征管理器设计树中选择要压缩的特征，或在图形区域中选择需要压缩特征的一个面。单击"编辑"—"压缩"—"此配置"（或"所有配置""指定配置"）。

（2）在特征管理器设计树中右击要压缩的特征，在弹出的快捷菜单中单击"压缩"按钮 ↓■。

压缩后，特征将从模型中移出，但在零件中并没有删除，如图 13-30 所示。

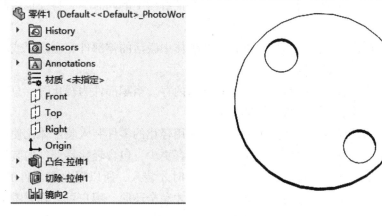

（a）

图 13-30 压缩特征

（a）压缩前

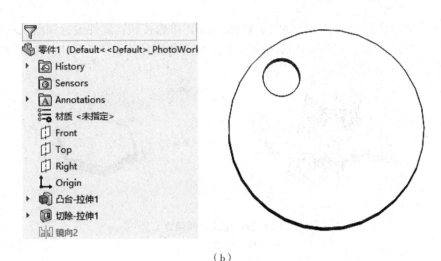

（b）

图 13-30　压缩特征（续）

（b）压缩后

🔧 **工程师提示**

> 特征被压缩后将从模型中移除（但没有删除），特征将从模型视图上消失并在特征管理器中显示为灰色。

2）解压缩特征

"解压缩"是"压缩"的逆向操作，只有在特征被压缩以后，才能进行解压缩操作。具体解压缩的方法主要有以下两种。

（1）在特征管理器设计树中选择要解压缩的特征，单击"编辑"—"解压缩"—"此配置"。

（2）在特征管理器设计树中右击要解压缩的特征，在弹出的快捷菜单中单击"解压缩"按钮 ↑🖤。

如果所选特征为另一特征的子特征，那么子特征解压缩的同时，父特征也被解压缩。

3）轻化特征

轻化特征主要在装配时使用，用户可以在装配体中激活的零部件完全还原或轻化时装入装配体。零件和子装配体都可以为轻化。

当零部件完全还原时，其所有模型数据将装入内存。当零部件为轻化时，只有部分模型数据装入内存，其余的模型数据将根据需要载入。

轻化的主要目的是提高大型装配体的性能。使用轻化的零件装入装配体比使用完全还原的零部件装入同一装配体速度更快，占用计算机内存更少，包含轻化零部件的装配体的重建速度更快。因为零部件的完整模型数据只有在需要时才装入，所以轻化零部件的效率很高。只有受当前编辑进程中用户所作更改影响的零部件才完全还原。用户可对轻化零部件不还原而进行添加/移除配合、干涉检查、质量特性等装配体操作。

13.6　项目小结

本项目通过箱体实例的三维建模，重点介绍基准平面、镜向特征和草图驱动的阵列等命令的使用方法和参数设置，帮助读者掌握绘制三维图的基本思路，学会分析零件结构，并对其进行正确的特征分解，最后能按特征分解图完成整个零件的绘制。

13.7　训练与提高

（1）绘制图 13-31 所示零件的三维图。

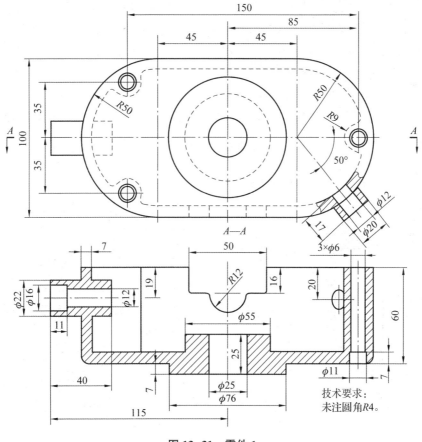

图 13-31　零件 1

（2）绘制图 13-32 所示零件的三维图。

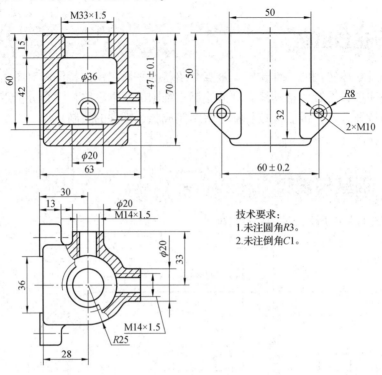

图 13-32　零件 2

技术要求：
1.未注圆角R3。
2.未注倒角C1。

（3）绘制图 13-33 所示零件的三维图。

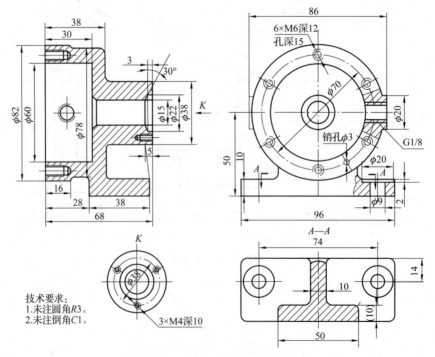

技术要求：
1.未注圆角R3。
2.未注倒角C1。

图 13-33　零件 3

（4）绘制图 13-34 所示零件的三维模型。

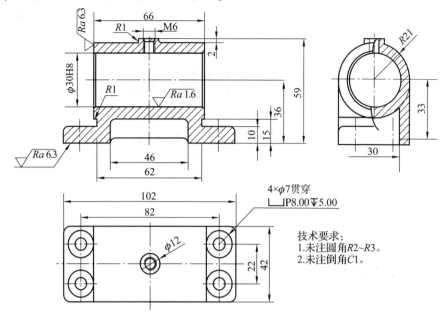

图 13-34 零件 4

技术要求：
1.未注圆角R2~R3。
2.未注倒角C1。

（5）绘制图 13-35 所示零件的三维图。

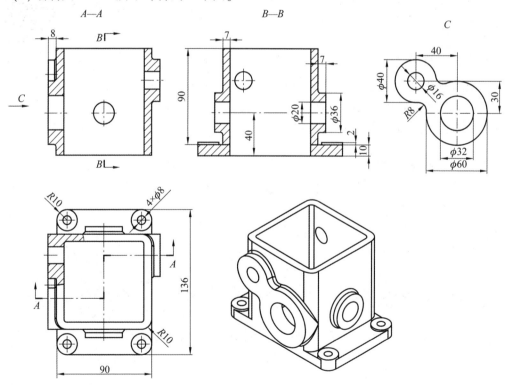

图 13-35 零件 5

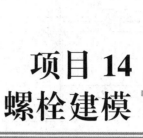

项目 14
螺栓建模

14.1　学习目标

14.1.1　知识目标

(1)熟练掌握二维草图的绘制方法。
(2)掌握螺旋线绘制的方法。
(3)掌握扫描切除特征的建立方法。

扫一扫观看建模视频

14.1.2　能力目标

(1)具有对草图进行尺寸约束和几何约束的能力。
(2)具有设置螺旋线参数的能力。
(3)具有设置扫描切除特征参数的能力。

14.1.3　素质目标

(1)培养善于观察、思考的习惯。
(2)培养手动操作的能力。
(3)培养团队协作、共同解决问题的能力。

14.2　项目展示

图 14-1 为螺栓的二维及三维图，试根据该图纸内容绘制螺栓的三维图。

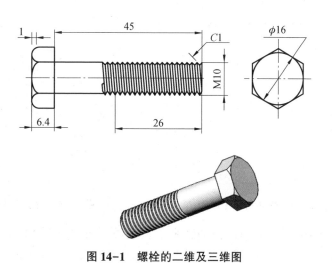

图 14-1 螺栓的二维及三维图

14.3 项目分析

14.3.1 零件背景

螺栓由头部和螺杆(带有外螺纹的圆柱体)两部分组成,需与螺母配合,用于紧固连接两个带有通孔的零件,这种连接形式称螺栓连接。若把螺母从螺栓上旋下,则可以使这两个零件分开,故螺栓连接属于可拆卸连接。

14.3.2 结构分析

由图 14-1 可以看出,螺栓由螺栓头、螺杆和螺杆上的螺纹组成。相应地,可以采用拉伸的方法创建螺栓头、螺杆,执行"扫描切除"命令创建螺杆上的螺纹。

14.4 项目实施

步骤 1 新建零件。单击"新建"按钮,在"新建 SOLIDWORKS 文件"对话框中选择"零件"模板,单击"确定"按钮。选择"前视基准面",在该基准平面上开始绘图。

步骤 2 生成拉伸特征 1。单击"草图绘制"按钮 ,从坐标原点开始绘制如图 14-2 所示的草图。单击"特征"按钮,再单击"拉伸凸台/基体"按钮 ,设置"拉伸深度"为"6.4mm",单击"确定"按钮生成拉伸特征 1,如图 14-3 所示。

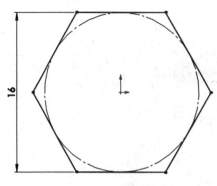

图 14-2 拉伸特征 1 草图

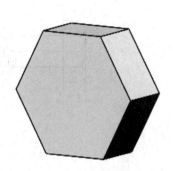

图 14-3 生成拉伸特征 1

步骤 3 生成拉伸特征 2。单击拉伸特征 1 上表面,绘制如图 14-4 所示的草图。单击 "特征"按钮,再单击"拉伸凸台/基体"按钮,设置"拉伸深度"为"45mm",单击"确定"按钮 生成拉伸特征 2,如图 14-5 所示。

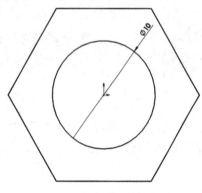

图 14-4 拉伸特征 2 草图

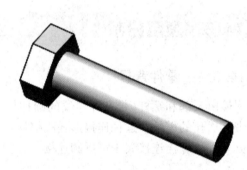

图 14-5 生成拉伸特征 2

步骤 4 绘制螺旋线。单击拉伸特征 2 下表面,绘制如图 14-6 所示的草图。单击"特 征"按钮,再单击"曲线"—"螺旋线/涡状线",弹出"螺旋线/涡状线"窗格,如图 14-7 所 示,单击"确定"按钮生成螺旋线,如图 14-8 所示。

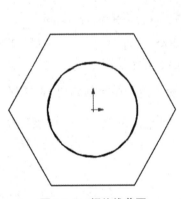

图 14-6 螺旋线草图

图 14-7 "螺旋线/涡状线"窗格

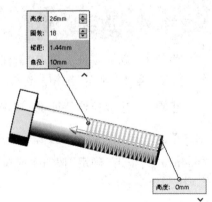

图 14-8 生成螺旋线

步骤 5 绘制扫描截面。选择穿过轴心的基准面,绘制如图 14-9 所示的扫描截面。

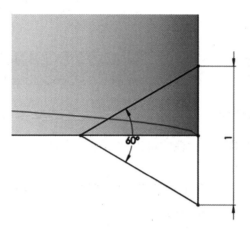

图 14-9 扫描截面

步骤 6 生成螺纹特征。单击"特征"按钮，再单击"切除-扫描"按钮，弹出"切除-扫描"窗格，如图 14-10 所示，进行参数设定，单击"确定"按钮生成螺纹特征，如图 14-11 所示。

图 14-10 "切除-扫描"窗格

图 14-11 生成螺纹特征

步骤 7 生成旋转切除特征。选择穿过轴心的基准面，绘制如图 14-12 所示的草图。单击"特征"按钮，再单击"旋转切除"按钮，最后单击"确定"按钮生成旋转切除特征，如图 14-13 所示。

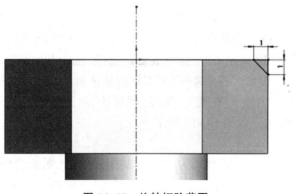

图 14-12 旋转切除草图

图 14-13 生成旋转切除特征

14.5 项目拓展

14.5.1 螺旋线/涡状线

在零件中生成螺旋线/涡状线，此曲线可以被当成一个路径或引导曲线使用在扫描特征上，或作为放样特征的引导曲线。

单击"螺旋线/涡状线"按钮，弹出"螺旋线/涡状线"窗格，如图14-14所示。

图14-14 "螺旋线/涡状线"窗格

🔧 **工程师提示**

在插入螺旋线/涡状线之前，要打开一个草图并绘制一个圆，此圆的直径可以控制螺旋线的直径。

下面分别以恒定螺距螺旋线、可变螺距螺旋线和涡状线为例简单介绍螺旋线/涡状线的创建。

1）恒定螺距螺旋线

选择"上视基准面"，单击"草图绘制"按钮，绘制直径为40 mm的圆。单击"螺旋线/涡状线"按钮，弹出"螺旋线/涡状线"窗格。在"定义方式"下拉列表框中选择"螺距和圈数"选项。在"参数"选项区中选择"恒定螺距"单选按钮，在"螺距"文本框内输入螺距值，在"圈数"文本框内输入圈数，在"起始角度"文本框内输入"0度"，选择"顺时针"单选按钮，单击"确定"按钮，即可完成恒定螺距螺旋线的绘制，如图14-15所示。

2）可变螺距螺旋线

选择"上视基准面"，单击"草图绘制"按钮，绘制直径为40 mm的圆。单击"螺旋线/涡状线"按钮，弹出"螺旋线/涡状线"窗格。如图14-16所示，在"定义方式"下拉列表框中选择"螺距和圈数"选项。在"参数"选项区中选择"可变螺距"单选按钮，在"区域参数"列表框内输入参数，在"起始角度"文本框内输入"0 度"，选择"顺时针"单选按钮，单击"确定"按钮，即可完成可变螺距螺旋线的绘制，如图 14-17 所示。

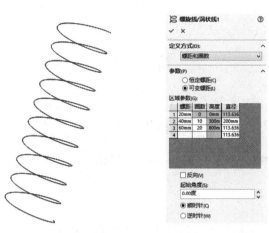 

图 14-15　恒定螺距螺旋线　　　图 14-16　可变螺距设置　　　图 14-17　可变螺距螺旋线

3）涡状线

单击"草图绘制"按钮，绘制直径为 40 mm 的圆。单击"螺旋线/涡状线"按钮，弹出"螺旋线/涡状线"窗格。如图 14-18 所示，在"定义方式"下拉列表框中选择"涡状线"选项，在"螺距"文本框内输入"40mm"，在"圈数"文本框内输入"10"，在"起始角度"文本框内输入"0 度"，选择"顺时针"单选按钮，单击"确定"按钮，即可完成涡状线的绘制，如图 14-19 所示。

 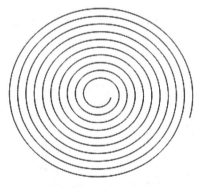

图 14-18　涡状线设置　　　　　　　图 14-19　涡状线

14.5.2　扫描切除特征

扫描切除特征与扫描特征的机理相同，只不过扫描切除特征是在轮廓运动的过程中切除轮廓所形成的实体部分。

单击"特征"工具栏中的"扫描切除"按钮 🐼（或单击"插入"—"切除"—"扫描"），弹出"切除-扫描"窗格，如图 14-20 所示，可以选择使用"实体"或使用"轮廓"曲线进行切除扫描，生成的扫描切除特征如图 14-21 所示。

图 14-20 "切除-扫描"窗格

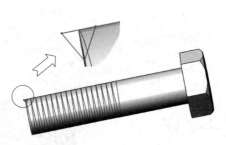

图 14-21 扫描切除特征

14.5.3 包覆特征

将草图包覆到平面或曲面上。要包覆的草图只可包含多个闭合轮廓，不能在包含任何开环轮廓的草图中生成包覆特征。包覆特征支持轮廓选择和草图重用。

单击"特征"工具栏中的"包覆"按钮 ，弹出"包覆"窗格，如图 14-22 所示。以图 14-23 为例来介绍如何使用包覆特征以及选择浮雕、蚀雕和刻划时生成的不同结果。

1) 浮雕包覆

单击"特征"工具栏中的"包覆"按钮，弹出"包覆"窗格，在"包覆参数"选项区选择"浮雕"单选按钮。激活"包覆草图的面"选项，在绘图建模工作区中选择圆柱外侧面为包覆草图的面。设定厚度值后，单击"确定"按钮生成浮雕包覆特征，如图 14-24 所示。

图 14-22 "包覆"窗格

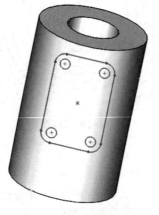

图 14-23 包覆特征

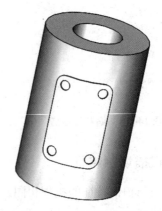

图 14-24 浮雕包覆特征

2) 蚀雕包覆

使用与浮雕包覆同样的方法，只是在"包覆参数"选项区中选择"蚀雕"单选按钮，得到的结果如图 14-25 所示。

3）刻划包覆

使用与浮雕包覆同样的方法，只是在"包覆参数"选项区中选择"刻划"单选按钮，得到的结果如图 14-26 所示。

图 14-25 蚀雕包覆特征   图 14-26 刻划包覆特征

🔧 **工程师提示**

被包覆的面只能是平面、圆柱面、圆锥面、拉伸面或旋转面。

14.5.4 检查实体

检查实体可以检查零部件的实体、曲面、无效的面、最小曲率半径等。单击菜单栏中的"工具"—"评估"—"检查"，弹出"检查实体"对话框，勾选"最小曲率半径""最大边线间隙"及"最大顶点间隙"复选框。单击"检查"按钮，软件开始进行实体检查，"结果清单"中列出检查的结果，如图 14-27 所示。

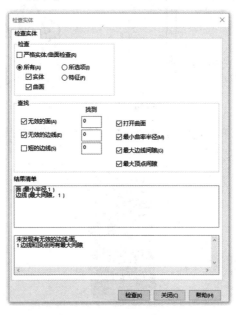

图 14-27 "检查实体"对话框

14.6 项目小结

本项目通过螺栓三维建模，主要介绍了特征造型中扫描切除特征和螺旋线的创建过程等内容。实体特征造型及编辑操作等是 SolidWorks 的基础组成部分，也是用户进行零件设计最常用的建模方法。

14.7 训练与提高

（1）绘制图 14-28 所示零件的三维图。

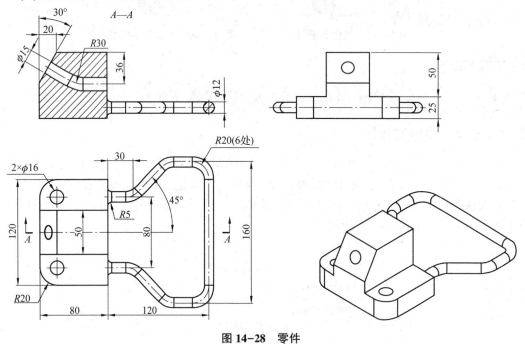

图 14-28　零件

（2）绘制图 14-29 所示弹簧的三维图（弹簧中径 16 mm，簧丝直径 1 mm，螺距1.5 mm，高度 29.5 mm）。

图 14-29　弹簧

（3）绘制图 14-30 所示螺杆的三维图。

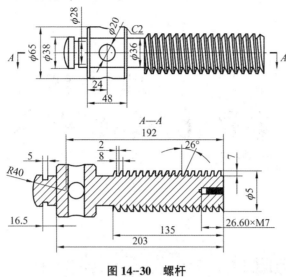

图 14-30　螺杆

项目 15
参数化齿轮建模

15.1　学习目标

15.1.1　知识目标

(1)熟练方程式的使用方法。
(2)掌握利用辅助线绘制特定曲线的方法。
(3)掌握成形特征参数赋值的操作方法。

扫一扫观看建模视频

15.1.2　能力目标

(1)具有利用辅助线模拟发生线的能力。
(2)具有利用辅助线求渐开线的能力。

15.1.3　素质目标

(1)培养善于观察、思考的习惯。
(2)培养手动操作的能力。
(3)培养团队协作、共同解决问题的能力。

15.2　项目展示

图 15-1 为齿轮的三维图，试根据该图纸内容绘制齿轮的三维图。

图 15-1　齿轮的三维图

15.3　项目分析

15.3.1　零件背景

圆柱齿轮传动是用于传递平行轴间动力和运动的一种齿轮传动。圆柱齿轮传动的传递功率和速度适用范围大，功率范围为 $10^{-3} \sim 10^8$ W，千分速度可从极低到 300 m/s。这种传动工作可靠、寿命长、传动效率高(可达 0.99 以上)、结构紧凑、运转维护简单。但加工某些精度很高的齿轮，需要使用专用的或高精度的机床和刀具，因而制造工艺复杂，成本高；而低精度齿轮则常发生噪声和振动，无过载保护作用。

15.3.2　结构分析

渐开线圆柱齿轮是一种比较复杂的三维模型，如果要实现参数化，就必然要将参数与几何形状关联起来，可以用方程式实现。参数化齿轮的建模步骤如下：

(1)定义齿轮的设计参数和基本尺寸的计算方程式；

(2)依据渐开线的原理和性质绘制出渐开线；

(3)拉伸单个齿廓；

(4)对齿廓进行圆周阵列，得到完整的渐开线圆柱齿轮。

15.4　项目实施

步骤 1　定义变量和方程式。在菜单栏中单击"工具"，再单击"方程式"按钮，打开方程式编辑窗口，如图 15-2 所示。修改"角度方程单位"为"度数"。单击"全局变量"下的空格，输入"m"，按〈Enter〉键，输入数值"2"，此时完成了齿轮模数初值的定义。

重复上述操作，输入以下变量：z = 20(齿数)、alf = 20(压力角)、b = 20(齿宽)、beta = 10(螺旋角)。再输入齿轮的几何计算公式：d = m * z(分度圆直径)、db = d * cos(alf)(基圆直径)、da = d + 2 * m(齿顶圆直径)、df = d - 2.5 * m(齿根圆直径)、s = m * pi/2(齿厚)。

方程式、整体变量、及尺寸				
Σ 🔘 🔧 ↕ ▽ 过滤所有栏区 ↶ ↷				
名称	数值/方程式	估算到	评论	
⊟ 全局变量				确定
"m"	= 2	2		取消
"z"	= 20	20		
"alf"	= 20	20		输入(I)...
"b"	= 20	20		输出(E)...
"beta"	= 10	10		
"d"	= "m" * "z"	40		帮助(H)
"db"	= "d" * cos ("alf")	37.5877		
"da"	= "d" + "m" * 2	44		
"df"	= "d" - "m" * 2.5	35		
"s"	= "m" * pi / 2	3.14159		

☐ 自动重建　🔒　角度方程单位：度数 ▽　☐ 自动求解组序

☐ 链接至外部文件：

图 15-2　齿轮基本变量和参数方程式

步骤 2　绘制基圆。选择"前视基准面"，单击"草图绘制"按钮🖌，从坐标原点开始绘制如图 15-3 所示的草图。用智能尺寸标注，在弹出的"修改"对话框中输入" = db"，即将之前定义的变量 db 赋值给该圆直径，单击"确定"按钮，完成基圆的绘制，如图 15-4 所示。

步骤 3　绘制发生线和渐开线。在基圆 1/4 圆弧范围内，对基圆进行三等分，如图 15-5 所示。先作出第一个点的发生线，即与圆弧相切且长度等于相应弧长的线段，如图 15-6 所示。

由机械原理知识可知，该段发生线应该是基圆周长的 1/12，在"修改"对话框中输入" = db * pi/12"，如图 15-7 所示。接着作出剩下几个等分点的发生线并标注尺寸，如图 15-8、图 15-9 所示。最后用样条曲线依次连接发生线端点，即可获得渐开线，如图 15-10 所示。

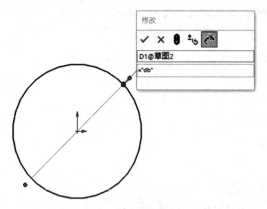

图 15-3　绘制基圆草图并标注

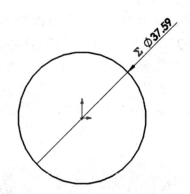

图 15-4　完成基圆的绘制

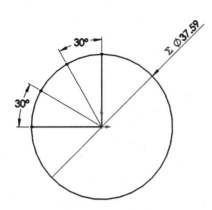

图 15-5　三等分基圆

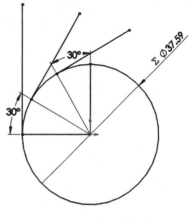

图 15-6　绘制发生线

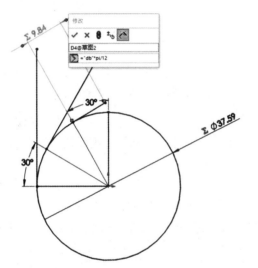

图 15-7　标注第一条发生线

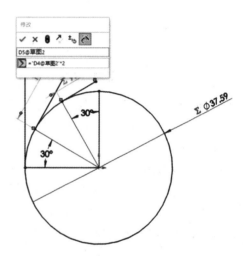

图 15-8　标注第二条发生线

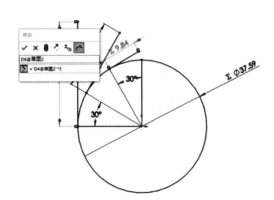

图 15-9　标注第三条发生线

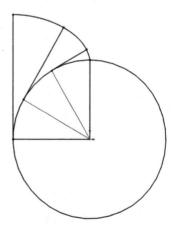

图 15-10　绘制渐开线

步骤 4 绘制另一侧渐开线。因为齿轮的轮齿是左右对称的，所以可以考虑用镜向的方法作出另一侧的齿廓曲线。过圆心绘制一条构造线，作为镜向中心线，如图 15-11 所示。通过"镜向"命令即可作出另一侧的渐开线，如图 15-12 所示。

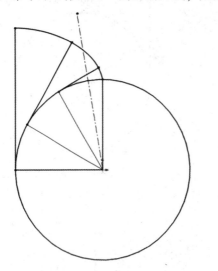

图 15-11　绘制镜向中心线

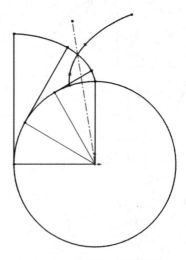

图 15-12　绘制另一侧渐开线

虽然通过镜向得到了另一侧渐开线，但是位置并没有确定下来。由机械原理知识可知，在分度圆上齿厚和齿槽宽是相等的，都是齿距的一半，因此可以利用分度圆的关系来确定两条渐开线的位置。

绘制一个与基圆同心的圆，并将直径标注为"d"，即得分度圆，如图 15-13 所示。然后剪裁分度圆，仅保留两条渐开线中间的一段(注意：一定要保证圆弧与两条渐开线有重合约束关系)。标注圆弧弧长为变量"s"。单击"智能尺寸"按钮，然后单击圆弧，再分别单击两个端点即可，如图 15-14 所示。

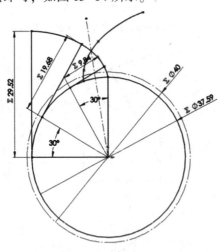

图 15-13　绘制分度圆

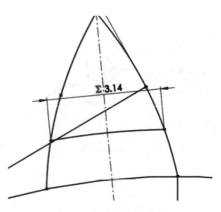

图 15-14　剪裁分度圆

步骤 5 绘制齿顶圆和齿根圆。绘制与基圆同心的两个圆，分别将直径标注为"da"和"df"，即可得到齿顶圆和齿根圆，如图 15-15 所示。

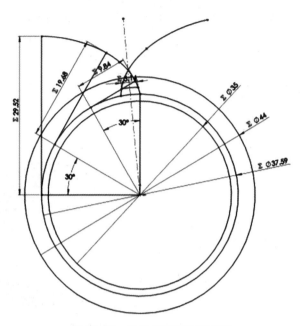

图 15-15   绘制齿顶圆和齿根圆

步骤 6   剪裁草图。由于草图中存在大量的辅助线，不方便拉伸，因此，通过"修剪"命令剪裁掉多余的线段，并将渐开线延伸到齿根圆上，即可以得到一个完整的齿廓，如图 15-16 所示。

步骤 7   拉伸单齿和轮坯。通过两次"拉伸"命令，拉伸出齿廓和轮坯，如图 15-17、图 15-18 所示。

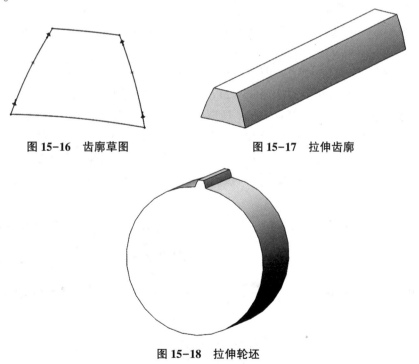

图 15-16   齿廓草图   图 15-17   拉伸齿廓

图 15-18   拉伸轮坯

步骤 8 圆周阵列齿廓。单击"特征"按钮，再单击"线性阵列"下的"圆周阵列"按钮 圆周阵列，显示出临时轴，并且选择要阵列的齿廓实体，设置圆周阵列特征参数如图 15-19 所示。单击"确定"按钮生成圆周阵列特征，如图 15-20 所示。

图 15-19　设置圆周阵列特征参数

图 15-20　圆周阵列特征

15.5　项目拓展

15.5.1　移动/复制特征

在 SolidWorks 中可以在同一模型中将特征从一个面移动到另一个面上，也可以在不同模型之间复制特征。

（1）移动特征。如图 15-21（a）所示模型中圆柱孔为要移动的特征。将特征从特征管理器设计树中拖动到所需的面上，如图 15-21（b）所示。松开左键，完成特征的移动，如图 15-21（c）所示。移动后的特征没有定位，所以还需要对其添加定位尺寸或几何关系。

（2）复制特征。如图 15-22（a）所示模型中圆柱孔为要复制的特征。按住〈Ctrl〉键，将特征从特征管理器设计树中拖动到所需的面上，如图 15-22（b）所示。松开左键，完成特征的复制，如图 15-22（c）所示。复制的特征没有定位，所以还需要对其添加定位尺寸或几何关系。

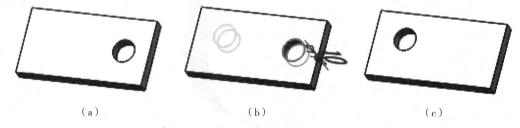

（a）　　　　　　　　　　　（b）　　　　　　　　　　　（c）

图 15-21　移动特征

（a）要移动的特征；（b）移动特征；（c）完成特征的移动

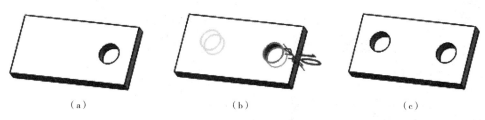

（a）　　　　　　　　　（b）　　　　　　　　　（c）

图 15-22　复制特征

（a）要复制的特征；（b）复制特征；（c）完成特征的复制

15.5.2　测量

"测量"工具可以测量草图、3D模型、装配体或工程图中直线、点、曲面、基准面的距离、角度、半径，以及它们之间的距离、角度、半径或尺寸。当选择一个顶点或草图点时，会显示其 X、Y 和 Z 坐标。

单击菜单栏中的"工具"—"评估"—"测量"，弹出"测量"对话框，如图 15-23 所示。"测量"对话框中的工具使用方式如下。

图 15-23　"测量"对话框

1）圆弧/圆测量

"圆弧/圆测量"按钮 包含"中心到中心"按钮、"最小距离"按钮、"最大距离"按钮和"自定义距离"按钮，在"圆弧/圆测量"下拉按钮 中可以选择相应的命令。

单击"圆弧/圆测量"按钮，在零件上选择圆弧及键槽圆弧，对话框中自动列出测量信息，如图 15-24 所示。

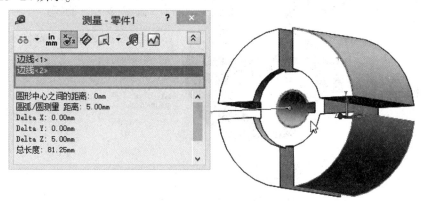

图 15-24　圆弧测量信息

2）测量单位/精度

单击"测量单位/精度"按钮，弹出"测量单位/精度"对话框，如图 15-25 所示。选择"使用自定义设定"单选按钮，对长度及角度单位进行设置，改变测量的单位或精度。将"测量单位/精度"对话框中的"长度单位"更改为"米"，勾选"科学记号"复选框，设置"小数位数"为"3"。单击"确定"按钮，重新测量零件圆弧，结果如图 15-26 所示。

图 15-25 "测量单位/精度"对话框

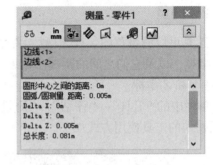

图 15-26 圆弧测量结果

3）显示 XYZ 测量

单击"显示 XYZ 测量"按钮，在绘图建模工作区中显示所选实体之间 dX、dY 及 dZ 的测量值，清除此选项从而只显示所选实体之间的最小距离。

在结果显示蓝色框中右击，再单击"消除选择"按钮，或者在绘图建模工作区任意空白位置单击，重新测量其他选项。单击竖直及水平的两条直线（亮绿色显示），再单击"显示 XYZ 测量"按钮，测量结果如图 15-27 所示。

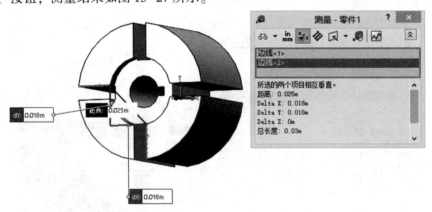

图 15-27 显示 XYZ 测量结果

4）点到点

"点到点"按钮用来测量模型上任意两点之间的距离，单击该按钮时，"圆弧/圆测量"按钮不可用。单击"点到点"按钮，在零件上选择两段圆弧中的一点，这两点之间的距离测量结果如图 15-28 所示。

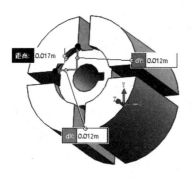

图 15-28 点到点测量结果

15.5.3 质量属性

单击菜单栏中的"工具"—"评估"—"质量属性",弹出"质量属性"对话框,如图 15-29 所示。可以看出零件所有的质量属性指标,单击"选项"按钮可以设置"质量/剖面属性选项",如图 15-30 所示。单击"确定"按钮完成选项设置,单击"重算"按钮进行质量属性的重新计算。

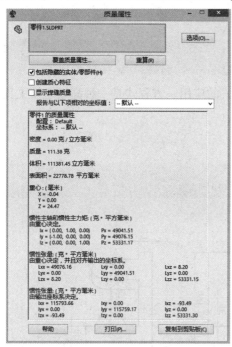

图 15-29 "质量属性"对话框

图 15-30 "质量/剖面属性选项"对话框

15.5.4 截面属性

截面属性可以显示零件上一个或多个模型面、剖面上的面、工程图中剖视图的剖面或草图的属性。单击菜单栏中的"工具"—"评估"—"截面属性",弹出"截面属性"对话框,如图 15-31 所示。

单击所选项目选项框,在绘图建模工作区中单击选择零件的一端面,单击"重算"按钮计算截面属性,结果如图 15-32 所示。

图 15-31 "截面属性"对话框

图 15-32 计算所选截面属性结果

15.6 项目小结

本项目通过参数化齿轮建模，介绍了方程式的应用。方程式是一种高级建模工具，利用方程式可以定义零件中相关尺寸或参数的规律。

15.7 训练与提高

绘制图 15-33 所示零件的三维图。

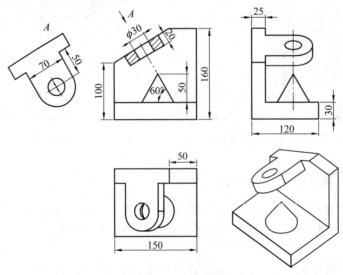

图 15-33 零件

项目 16
槽扣钣金建模

16.1 学习目标

16.1.1 知识目标

(1)掌握基体法兰创建工具的使用方法。
(2)掌握边线法兰创建工具的使用方法。
(3)掌握断开边角特征工具的使用方法。
(4)掌握异型孔向导特征工具的使用方法。

扫一扫观看建模视频

16.1.2 能力目标

(1)具有掌握钣金折弯、展平方法的能力。
(2)具有设计出符合实际应用需要的钣金件的能力。

16.1.3 素质目标

(1)培养善于观察、思考的习惯。
(2)培养手动操作的能力。
(3)培养团队协作、共同解决问题的能力。

16.2 项目展示

图 16-1 为槽扣钣金的三维图,试根据该图纸内容绘制槽扣钣金的三维图。

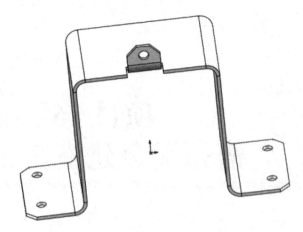

图 16-1　槽扣钣金的三维图

16.3　项目分析

16.3.1　零件背景

钣金主要是针对金属薄板的一种综合冷加工工艺，包括剪切、冲压、折弯、焊接、铆接、拼接、成型等，其显著的特点是设计出来的钣金零件厚度均匀。

16.3.2　结构分析

本项目中槽扣钣金采用如下的建模步骤：
（1）绘制草图，创建基体法兰；
（2）取顶面一根边线创建边线法兰，再切除 5 个孔；
（3）添加断开边角。

16.4　项目实施

步骤 1　新建零件。单击"新建"按钮，弹出"新建 SOLIDWORKS 文件"对话框。

步骤 2　绘制法兰草图。选择"前视基准面"，在该基准平面上开始绘图。使用直线工具绘制零件的完整轮廓，如图 16-2 所示。

步骤 3　创建基体法兰。单击菜单栏中的"插入"—"钣金"—"基体法兰"，选择步骤 2 画好的草图，在"方向 1"选项区中设置"给定深度"为"30mm"；在"钣金规格"选项区中勾选"使用规格表"复选框，选择"K-FACTOR MM SAMPLE"选项；在"钣金参数"选项区中选择"规格 5"选项，设置"钣金厚度"为"1mm"，"折弯半径"为"3mm"；在"折弯系数"选项区中选择"K 因子"选项，在"比例"文本框中输入"0.5"，其余默认，如图 16-3 所示。单击"确定"按钮完成基体法兰的创建，如图 16-4 所示。

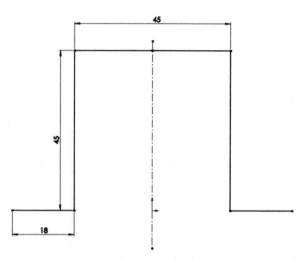

图 16-2 法兰草图

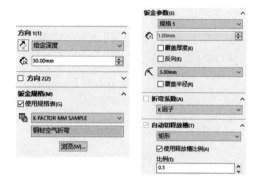

图 16-3 设置基体法兰属性

步骤 4 创建边线法兰。选取如图 16-5 所示的边线，单击菜单栏中的"插入"—"钣金"—"边线法兰"—"编辑法兰轮廓"，在已有的轮廓上添加两条竖直线，并进行实体剪裁，标注尺寸如图 16-6 所示。单击弹出窗口中的"完成"按钮，完成边线法兰轮廓的创建。在"边线-法兰"窗格中设定"给定深度"为"10mm"，"法兰位置"选择"材料在内"，其余默认，如图 16-7 所示。单击"确定"按钮完成边线法兰的创建，如图 16-8 所示。

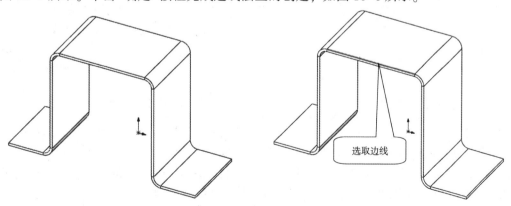

图 16-4 基体法兰   图 16-5 选取边线

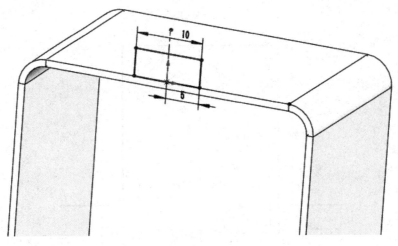

图 16-6　边线法兰草图

图 16-7　"边线-法兰"窗格

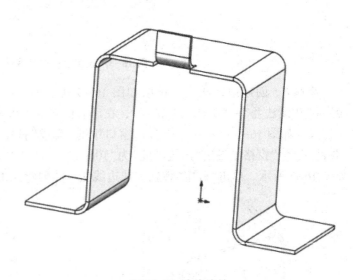

图 16-8　边线法兰

步骤 5　创建直通孔。单击"插入"—"特征"—"孔"（或者直接在"特征"工具栏中单击"异型孔向导按钮"），选择"孔类型"为"孔"，"标准"为"GB"，"大小"为"3.0"，其他参数默认，如图 16-9 所示。切换至"位置"选项卡，绘制如图 16-10 所示的中心孔，即确定了直通孔的位置，单击"确定"按钮完成直通孔的创建，如图 16-11 所示。

图 16-9 "孔规格"窗格

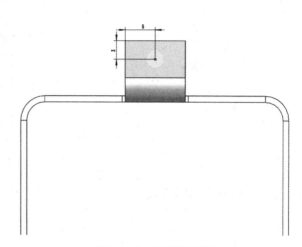

图 16-10 直通孔位置

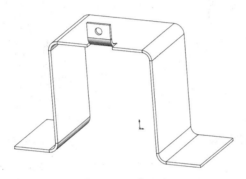

图 16-11 直通孔

步骤 6 创建底部直通孔。重复步骤 5，在底部钻出 4 个直通孔，孔的位置、尺寸如图 16-12 所示。单击"确定"按钮，完成底部直通孔的创建，如图 16-13 所示。

步骤 7 添加断开边角。单击"插入"—"钣金"—"断开边角"，弹出如图 16-14 所示的"断开边角"窗格，选取图 16-15 所示的六条边，设置"倒角距离"为"3mm"，单击"确定"按钮，完成断开边角的添加，如图 16-16 所示。

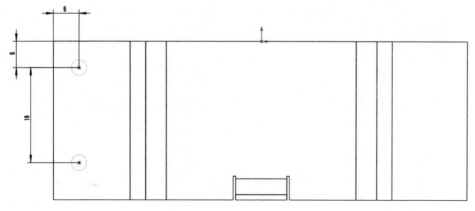

图 16-12 底部直通孔位置

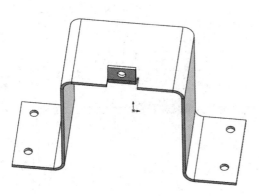

图 16-13　底部直通孔

图 16-14　"断开边角"窗格

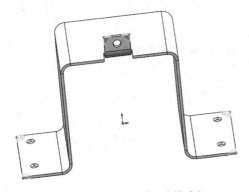

图 16-15　"断开边角"边的选择

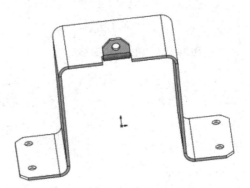

图 16-16　断开边角

步骤 8　钣金展开。单击"插入"—"钣金"—"展开",弹出如图 16-17 所示的"展开"窗格。选择如图 16-18 所示的面为"固定面",单击"收集所有折弯"按钮,再单击"确定"按钮,完成钣金展开,如图 16-19 所示。

图 16-17　"展开"窗格

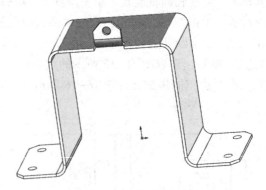

图 16-18　"固定面"选择

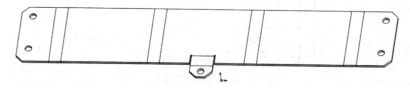

图 16-19　钣金展开

16.5　项目拓展

16.5.1　基体法兰

基体法兰用来建立钣金零件的基体特征。它与拉伸特征相类似，不过基体法兰特征可以使用指定的折弯半径自动增加折弯。生成基体法兰特征的操作步骤如下。

（1）选择"前视基准面"创建一个标准的草图，该草图可以是单一开环、单一闭环或多重封闭轮廓的草图，如图16-20所示。

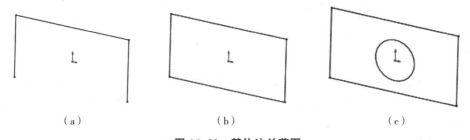

（a）　　　　　　　　（b）　　　　　　　　（c）

图16-20　基体法兰草图

（a）单一开环；（b）单一闭环；（c）多重封闭轮廓

（2）草图完全定义后，退出草图，单击"插入"—"钣金"—"基体法兰"，出现"基体法兰"窗格，如图16-21所示。

图16-21　"基体法兰"窗格

（3）当草图封闭时，需要在"基体法兰"窗格中输入钣金厚度，其他情况则不需要。当草图开放时，则要在"基体法兰"窗格中输入"方向1"和"方向2"的给定深度，同时设定钣金厚度、折弯系数、折弯圆角大小。

（4）单击"确定"按钮，结果如图16-22所示。

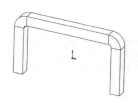 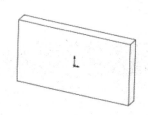 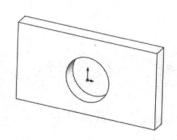

图 16-22　基体法兰

🛠 **工程师提示**

　　在一个 SolidWorks 零件中，只能有一个基体法兰特征，且样条曲线对于包含开环轮廓的钣金为无效的草图实体。

▶▶ 16.5.2　斜接法兰

　　斜接法兰特征可以将一系列法兰添加到钣金零件的一条或多条边线上。如有必要，用户也可以为部分斜接法兰指定等距距离自定义法兰位置的释放槽类型。生成斜接法兰特征的操作步骤如下。

　　(1) 单击"插入"—"钣金"—"斜接法兰"，选择在基体法兰上需要加斜接法兰的一条边或多个边。在边的一个端点位置会出现一个基准平面，并在这个平面上绘制斜接法兰的轮廓草图，如图 16-23 所示。

　　(2) 将草图完全定义后，退出草图，出现"斜接法兰"窗格，如图 16-24 所示。根据需要将法兰设置为"材料在内""材料在外"或"折弯向外"，并在"启始/结束处等距"选项中为部分斜接法兰指定等距距离。如果要使斜接法兰跨越模型的整个边线，将"启始/结束处等距"选项的数值设置为零。

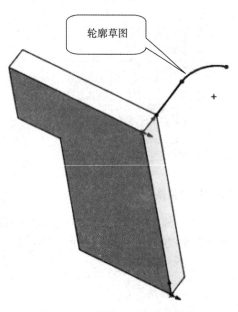

图 16-23　斜接法兰的轮廓草图

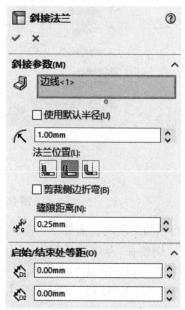

图 16-24　"斜接法兰"窗格

（3）单击"确定"按钮，结果如图 16-25 所示。

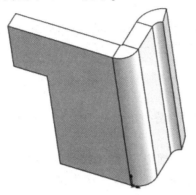

图 16-25　斜接法兰

16.5.3　断开边角

断开边角工具是从钣金零件的边线或面切除材料。当钣金零件被折叠或展开时，可使用断开边角工具，如果在钣金零件处于展开模式时使用该工具，系统在零件被折叠时会压缩断开边角。在钣金零件上生成断开边角操作步骤如下。

（1）单击"插入"—"钣金"—"断开边角"，弹出如图 16-26 所示的"断开边角"窗格。

（2）在作图区域中，选择需要断开的边角边线或法兰面，此时在图形区域中显示断开边角的预览，如图 16-27 所示。

（3）选择"折断类型"为"倒角"或"全圆角"，设定距离的数值。

（4）单击"确定"按钮，结果如图 16-28 所示。

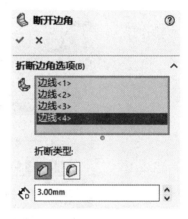

图 16-26　"断开边角"窗格

图 16-27　选择"断开边角"边线

图 16-28　断开边角

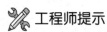

工程师提示

可以选择某个钣金面进行倒角操作，此时系统将自动判断此面中可以进行的倒角部分，并按设置的参数对所有的角进行倒角。

16.5.4 褶边

褶边工具可将褶边添加到钣金零件的所选边线上，主要用于钣金的翻边，进行加强。生成褶边特征的操作步骤如下。

（1）单击"插入"—"钣金"—"褶边"，弹出如图 16-29 所示的"褶边"窗格。

（2）选择需要加褶边的钣金零件的一个或多个边线，则所选边线出现在"边线"列表框中，同时在钣金件上可以预览，如图 16-30 所示。在"边线"选项区中，单击"材料在内"或"折弯在外"按钮来指定添加材料的位置。也可以单击 图标，在零件的另一边生成褶边。

图 16-29 "褶边"窗格

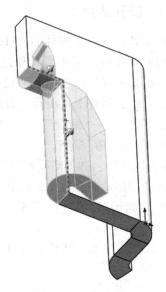

图 16-30 褶边预览

（3）在"类型和大小"选项区中，若选择"褶边类型"为"闭环"，则在其下方显示"长度"及对应文本框；若选择"褶边类型"为"开环"，则显示"长度"和"间隙距离"及对应的文本框；若选择"褶边类型"为"撕裂型"，则显示"角度"和"半径"及对应的文本框；若选择"褶边类型"为"滚轧型"，也显示"角度"和"半径"及对应的文本框。选择不同的类型后，下方显示的图标可能有：长度（只对于闭环和开环褶边）、间隙距离（只对于开环褶边）、角度（只对于撕裂型和滚轧型褶边）、半径（只对于撕裂型和滚轧型褶边）。

（4）单击"确定"按钮，结果如图 16-31 所示。

注意：在使用该工具时，所选边线必须为直线，而斜接边角被自动添加到交叉褶边上，若选择多个要添加褶边的边线，则这些边线必须在同一个面上。

图 16-31 褶边

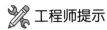

工程师提示

褶边特征也具备编辑边线宽度功能，单击"编辑褶边宽度"按钮可以对褶边的长度进行编辑，并可以自定义释放槽类型，这令其在功能上更有些类似于边线法兰。

16.5.5 闭合角

"闭合角"是指在两个相邻的折弯或类似折弯处进行连接操作，如图 16-32 所示。单击"钣金件"工具栏中的"闭合角"按钮 ，然后选择两个相邻面（分别为"要延伸的面"和"要匹配的面"），并设置相关参数即可执行"闭合角"操作。

图 16-32 闭合角

下面介绍一下"闭合角"窗格中各选项的作用，具体如下。

"对接"边角类型 ：定义两个侧面（延伸壁）只是相接，如图 16-33（a）所示。

"重叠"边角类型 ：定义两个延伸壁延伸到相互重叠，一个延伸壁位于另一个延伸壁之上，如图 16-33（b）所示。

"欠重叠"边角类型 ：也被称为"重叠在下"，用于定义两个延伸壁相互重叠，但是令两个延伸壁的位置互换，如图 16-33（c）所示。

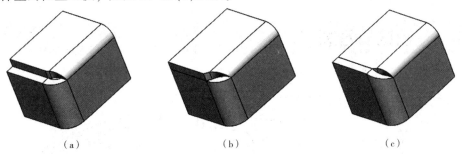

（a）   （b）   （c）

图 16-33 闭合角的边角类型

（a）"对接"边角类型；（b）"重叠"边角类型；（c）"欠重叠"边角类型

缝隙距离：用于定义两个延伸钣金壁间的距离。

重叠/欠重叠比率：用于定义两个延伸钣金壁间的延伸长度的比例。

开放折弯区域：用于定义折弯的区域是开放还是闭合。

共平面：取消此复选框的勾选，所有共平面将会被选取。

狭窄边角：使用特殊算法以缩小折弯区域中的缝隙。实际上勾选此复选框后，位于"要匹配的面"处的折弯面将向"要延伸的面"弯折。

自动延伸：勾选此复选框后选择"要延伸的面"将自动选择"要匹配的面"，否则需要单独设置每个面。

16.5.6 焊接的边角

焊接的边角是指在钣金闭合角的基础上，对钣金的边角进行焊接，以令钣金形成密实的焊接角。单击"钣金"工具栏中的"焊接的边角"按钮 🛡，然后选择一个闭合角的面，单击"确定"按钮，即可执行"焊接的边角"操作，如图16-34所示。

图16-34 焊接的边角

16.6 项目小结

本项目通过槽扣钣金建模的操作实例，让读者掌握基本的钣金设计特征命令的使用方法和建模过程。一个钣金零件首先要确定哪一部分是基板，然后在这个基板上加一些法兰特征，并进行一些倒角、打孔、翻边等其他操作。

16.7 训练与提高

（1）绘制图16-35所示钣金零件的三维图。

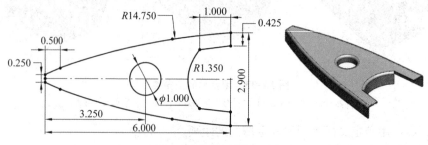

图16-35 钣金零件1

（2）绘制图 16-36 所示钣金零件的三维图。

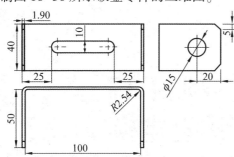

图 16-36　钣金零件 2

（3）绘制图 16-37 所示钣金零件的三维图。

（4）绘制图 16-38 所示钣金零件的三维图。

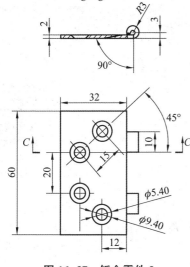

图 16-37　钣金零件 3

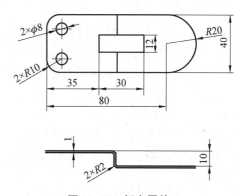

图 16-38　钣金零件 4

项目 17
风扇支架钣金建模

17.1 学习目标

17.1.1 知识目标

(1) 了解钣金类零件的结构特点。
(2) 掌握钣金类零件的三维设计方法与技巧。
(3) 掌握褶边、通风口等特征的建立方法。

扫一扫观看建模视频

17.1.2 能力目标

(1) 具有进行钣金折弯、展平操作的能力。
(2) 具有设计出符合实际应用需要的钣金零件的能力。

17.1.3 素质目标

(1) 培养善于观察、思考的习惯。
(2) 培养手动操作的能力。
(3) 培养团队协作、共同解决问题的能力。

17.2 项目展示

图 17-1 为风扇支架钣金的三维图，试根据该图纸内容绘制风扇支架钣金的三维图。

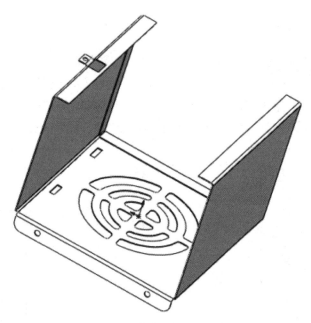

图 17-1 风扇支架钣金的三维图

17.3 项目分析

17.3.1 零件背景

钣金机箱是现代应用较为广泛的设备,其采用长方体结构,落地放置,具有相当的稳定性且便于发挥其良好的性能。风扇支架主要用于固定机箱风扇,应具有良好的结构技术性能。钣金机箱的结构应根据设备的电气、机械性能和使用环境的要求,进行必要的物理设计和化学设计,以保证具有良好的刚度和强度以及良好的噪声隔离、通风散热等性能。

17.3.2 结构分析

本项目介绍的是一个较复杂的钣金零件,在设计过程中,综合运用了钣金的各项设计功能,其建模步骤如下:

(1)生成风扇支架基体法兰;

(2)使基体法兰三条边向内生成褶边,形成扣边;

(3)在顶面边线生成边线法兰,与上盖装配使用;

(4)拉伸切除四个槽,生成另一边线法兰;

(5)使用通风口功能,生成风扇支架的通风口特征。

17.4　项目实施

步骤 1　新建零件。单击"新建"按钮，弹出"新建 SOLIDWORKS 文件"对话框。

步骤 2　绘制法兰草图。选择前视基准面，建立草图。使用直线工具绘制零件的完整轮廓，如图 17-2 所示。

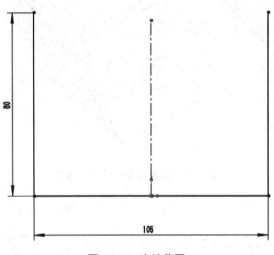

图 17-2　法兰草图

步骤 3　创建基体法兰。单击菜单栏中的"插入"—"钣金"—"基体法兰"，弹出如图 17-3 所示的"基本-法兰 1"窗格，选择步骤 2 中画好的草图，在"方向 1"选项区的"终止条件"下拉列表框中选择"两侧对称"选项，在"深度"文本框中输入"110mm"，在"厚度"文本框中输入"0.5mm"，设置"圆角半径"为"1.0mm"，其余默认。单击"确定"按钮完成基体法兰的创建，如图 17-4 所示。

图 17-3　"基体-法兰 1"窗格

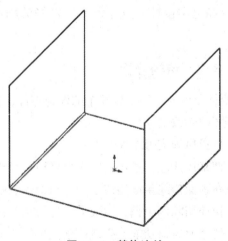

图 17-4　基体法兰

步骤 4　创建褶边。单击"插入"—"钣金"—"褶边"，弹出如图 17-5 所示的"褶边"窗格，选取图 17-6 所示的三条边，选择"材料在内"，在"类型和大小"选项区中选择"闭合"选项，设置"长度"为"8.0mm"，其余默认。单击"确定"按钮完成褶边的创建，如图 17-7 所示。

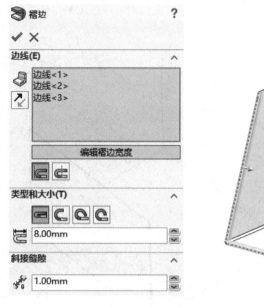

图 17-5　"褶边"窗格

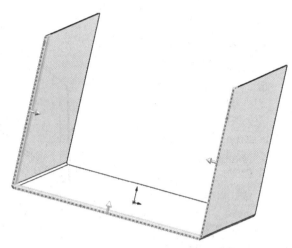

图 17-6　选取"褶边"的三条边

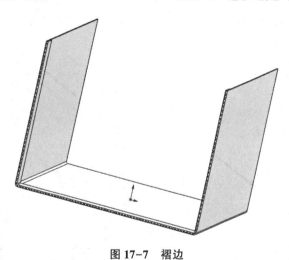

图 17-7　褶边

步骤 5　创建边线法兰 1。单击"插入"—"钣金"—"边线法兰"，弹出如图 17-8 所示的"边线-法兰 1"窗格，设置"法兰长度"为"10.0mm"，选择"外部虚拟交点"，在"法兰位置"选项区中选择"折弯在外"选项，然后单击需要生成边线法兰的边 1，如图 17-9 所示。单击"确定"按钮完成边线法兰 1 的创建，如图 17-10 所示。

步骤 6　创建另一边的边线法兰。重复步骤 5，生成钣金件的另一侧面上的边线法兰，如图 17-11 所示。

图 17-8　"边线-法兰 1"窗格

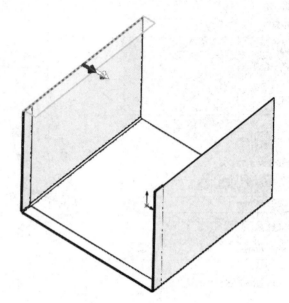

图 17-9　选择"边线法兰"的边 1

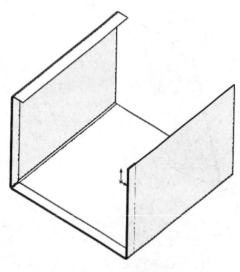

图 17-10　边线法兰 1

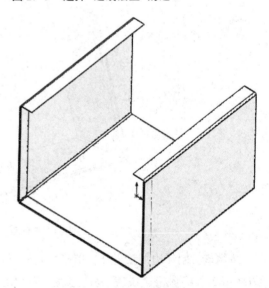

图 17-11　另一边的边线法兰

步骤 7　生成拉伸切除特征 1。单击钣金零件的上表面，如图 17-12 所示，绘制如图 17-13 所示的草图。单击"拉伸切除"按钮，设置"拉伸深度"为"1.5mm"，单击"确定"按钮生成拉伸切除特征 1，如图 17-14 所示。

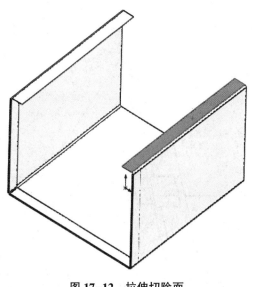

图 17-12　拉伸切除面

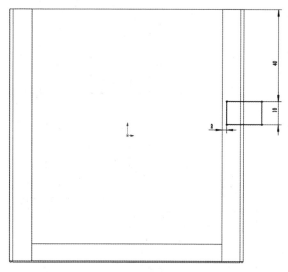

图 17-13　拉伸切除草图 1

步骤 8　创建边线法兰 2。单击"插入"—"钣金"—"边线法兰",弹出如图 17-15 所示的"边线-法兰 2"窗格,设置"法兰长度"为"6mm",选择"外部虚拟交点",在"法兰位置"选项区中选择"折弯在外"选项,然后单击需要生成边线法兰的边 2,绘制草图如图 17-16 所示。单击确定按钮完成边线法兰 2 的创建,如图 17-17 所示。

图 17-14　拉伸切除特征 1

图 17-15　"边线-法兰 2"窗格

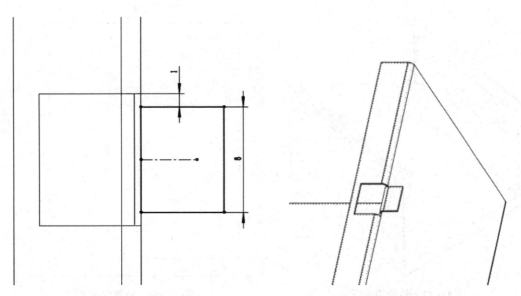

图 17-16　选择"边线法兰"的边 2　　　　　图 17-17　边线法兰 2

步骤 9　生成边线法兰上的孔。在边线法兰上绘制如图 17-18 所示的草图，进行拉伸切除，设定"方向 1"为"贯穿所有"，单击"确定"按钮生成边线法兰上的孔，如图 17-19 所示。

步骤 10　生成拉伸切除特征 2。单击钣金零件底面，在该平面绘制如图 17-20 所示的草图。单击"特征"工具栏中的"拉伸切除"按钮，设置"拉伸切除深度"为"0.5mm"，单击"确定"按钮生成拉伸切除特征 2，如图 17-21 所示。

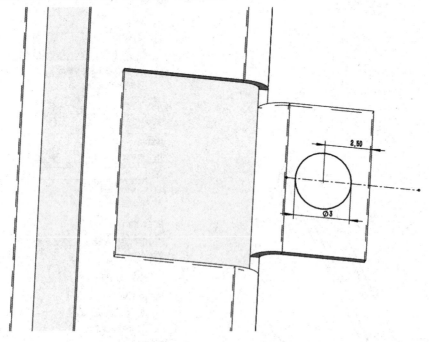

图 17-18　法兰孔草图

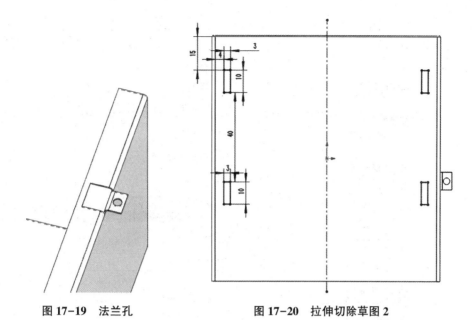

图 17-19　法兰孔

图 17-20　拉伸切除草图 2

步骤 11　生成通风口特征。选择钣金零件底面，绘制如图 17-22 所示的草图。草图中包括四个同心圆和两条相互垂直的过圆心的直线。单击"插入"—"扣合特征"—"通风口"，弹出"通风口"窗格，如图 17-23 所示。选择草图中直径最大的圆作为边界，设置"圆角半径"为"2.0mm"；选择两条相互垂直的直线作为通风口的筋，设置"筋的宽度"为"5.0mm"；选择中间的两个圆作为通风口的翼梁，设置"翼梁的宽度"为"5.0mm"，单击"确定"按钮生成通风口特征，如图 17-24 所示。

图 17-21　拉伸切除特征 2

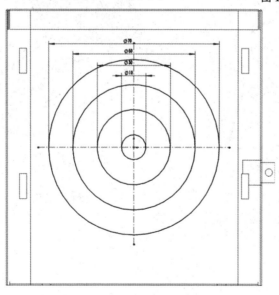

图 17-22　通风口草图

图 17-23 "通风口"窗格

步骤 12 创建边线法兰 3。单击"插入"—"钣金"—"边线法兰",设置"法兰长度"为"10.0mm",选择"外部虚拟交点",在"法兰位置"选项区中选择"材料在内"选项,并单击需要生成边线法兰的边,然后单击"确定"按钮完成边线法兰 3 的创建,如图 17-25 所示。

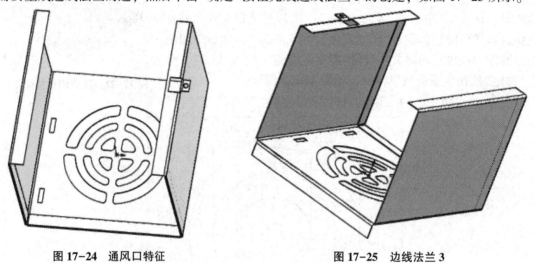

图 17-24 通风口特征 图 17-25 边线法兰 3

步骤 13 生成断开边角。单击"插入"—"钣金"—"断开边角",选取如图 17-26 所示的两条边线作为圆角对象,设置"圆角半径"为"5.0mm",单击"确定"按钮生成断开边角,如图 17-27 所示。

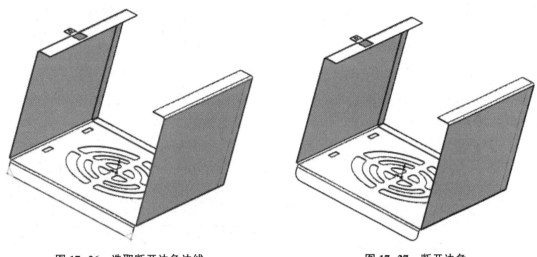

图 17-26　选取断开边角边线　　　　　图 17-27　断开边角

步骤 14　生成简单孔。单击"插入"—"特征"—"孔"—"简单孔"，在"孔"窗格中勾选"与厚度相等"复选框，设置"孔直径"为"3.5mm"，如图 17-28 所示，单击"确定"按钮生成简单孔，如图 17-29 所示。

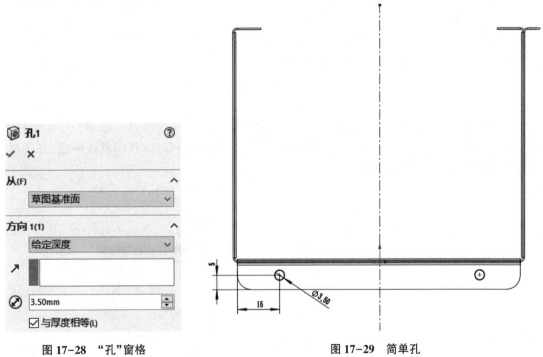

图 17-28　"孔"窗格　　　　　图 17-29　简单孔

步骤 15　生成展开特征。单击"插入"—"钣金"—"展开"，弹出"展开"窗格，如图 17-30 所示。单击钣金零件底面为固定面，再单击"收集所有折弯"按钮，最后单击"确定"按钮生成展开特征，如图 17-31 所示。

图17-30 "展开"窗格

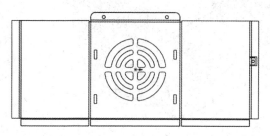

图17-31 展开特征

17.5 项目拓展

17.5.1 转折

在钣金零件上生成转折特征的操作步骤如下。

(1)可以用草图功能，在需要生成转折特征的钣金零件的面上绘制一直线，如图17-32所示。

(2)单击"插入"—"钣金"—"转折"，弹出如图17-33所示的"转折"窗格，在绘图建模工作区中，选择一个面为固定面，若要编辑折弯半径，则取消勾选"使用默认半径"复选框，然后为"折弯半径"输入新的值。

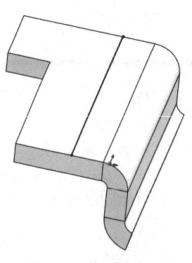

图17-32 转折草绘直线

图17-33 "转折"窗格

（3）在图 17-33 所示的"转折等距"选项区中的"终止条件"中选择一项目，并为"等距离"设定一数值。选择尺寸位置：外部等距、内部等距、总尺寸。如果想使转折的面保持相同长度，就勾选"固定投影长度"复选框。

（4）选择如图 17-34 所示的直线，在转折位置下，选择折弯中心线、材料在内、材料在外或折弯向外。为"转折角度"设定一数值。

（5）若要使用默认折弯系数以外的其他项目，则选择"自定义折弯系数"，然后设定一折弯系数类型和数值。

（6）单击"确定"按钮，即可生成转折特征，如图 17-35 所示。

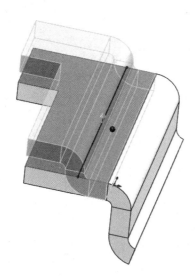

图 17-34　转折直线

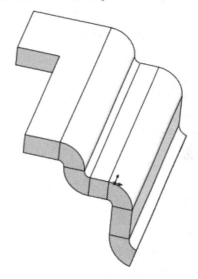

图 17-35　转折特征

🔧 工程师提示

　　转折草图必须只包含一条直线；直线不需要是水平和竖直直线；折弯线长度不一定和正在折弯的面的长度相同。

17.5.2　边线法兰

边线法兰可将法兰添加到钣金零件所选的边线上，用户可以修改折弯角度和草图轮廓。创建边线法兰的操作步骤如下。

（1）单击"插入"—"钣金"—"边线法兰"，弹出"边线-法兰"窗格，如图 17-36 所示，在绘图建模工作区选择要放置特征的边线。

（2）在"边线-法兰"窗格中设置"折弯半径"，在"角度"与"法兰长度"选项区中，分别设置法兰角度、长度、终止条件及其相应参数值等。

（3）如果选择"给定深度"选项，就必须单击长度和外部虚拟交点或内部虚拟交点来决定长度开始测量的位置。

（4）在"法兰位置"选项区中设置法兰位置时，将折弯位置设置为材料在内、材料在外、折弯向外或虚拟交点中的折弯。

（5）要移除邻近折弯的多余材料，可勾选"剪裁侧边折弯"复选框。

（6）如果要从钣金体等距排列法兰，就勾选"等距"复选框，然后设定等距终止条件及其相应参数。

（7）单击"确定"按钮，结果如图 17-37 所示。

图 17-36　"边线-法兰"窗格

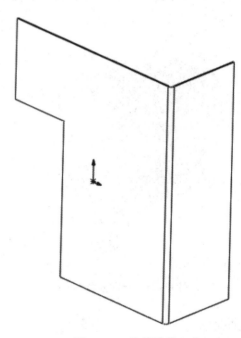

图 17-37　边线法兰

注意：创建边线法兰时，所选边线必须为线形，且系统会自动将厚度链接为钣金零件的厚度，轮廓的一条草图直线必须位于所选边线上。

工程师提示

单击"边线-法兰"窗格中的"编辑法兰轮廓"按钮，可以通过添加约束尺寸及自定义图形等定义边线法兰的形状。

17.5.3　展开与折叠

使用展开特征可在钣金零件中展开一个、多个或所有折弯，具体的操作步骤如下。

（1）单击"插入"—"钣金"—"展开"，弹出如图 17-38 所示的"展开"窗格。

（2）选择一个不因特征而移动的面作为固定面，选择一个或多个折弯作为要展开的折弯，或单击"收集所有折弯"按钮来选择零件中所有合适的折弯，如图 17-39 所示。

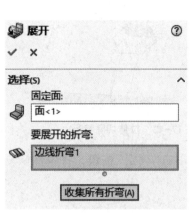

图 17-38　"展开"窗格

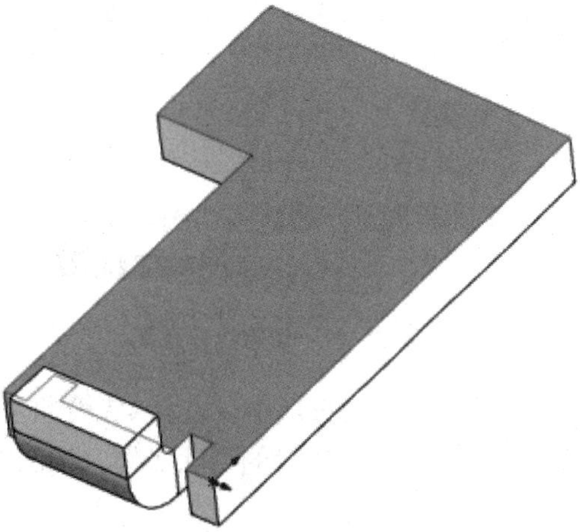

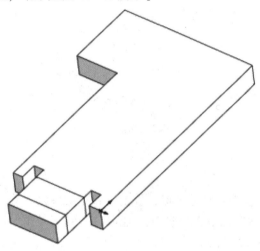

图 17-39　展开固定面

（3）单击"确定"按钮，结果如图 17-40 所示。

图 17-40　展开特征

使用折叠特征可在钣金零件中折叠一个、多个或所有折弯，其在沿折弯上添加切除时很有用，操作方式和展开特征类似。

17.5.4　切除折弯

在钣金折弯处生成切除特征的操作步骤如下。

（1）打开现有的钣金零件，利用"展开"命令展开钣金。

（2）在钣金零件的平坦面上建立一草图，并绘制切除拉伸到折弯线的草图形状，这一草图轮廓形状要封闭，如图 17-41 所示。

（3）单击"特征"工具栏中的"拉伸切除"按钮，生成拉伸切除特征如图 17-42 所示。

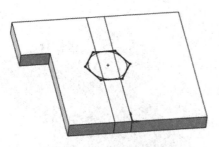

图 17-41　切除折弯草图

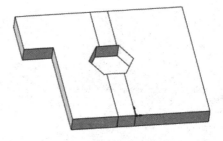

图 17-42　拉伸切除特征

（4）在"终止条件"选项中，选择"完全贯穿"选项，单击"确定"按钮，将零件恢复到折叠的状态，即完成钣金折弯的切除操作，如图 17-43 所示。

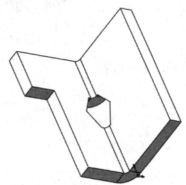

图 17-43　切除折弯特征

17.5.5　通风口

可以使用绘制的草图生成各种通风口，设定筋和翼梁参数，系统会自动计算流动区域。

单击菜单栏中的"插入"—"扣合特征"—"通风口"（或者单击"扣合特征"工具栏中的"通风口"按钮 ），弹出"通风口"窗格，如图 17-44 所示。在建立"通风口"之前需要绘制通风口草图，如图 17-45 所示。

图 17-44　"通风口"窗格

在"通风口"窗格中，各选项的含义如下。

边界：选择草图线段作为边界，选择形成闭合轮廓的草图线段作为外部通风口边界。

选择一个面：为通风口选择平面或空间。选定的面上必须能够容纳整个通风口草图。

拔模开/关：单击"拔模开/关"按钮可以将拔模应用于边界、填充边界以及所有筋和翼梁对于平面上的通风口，将从草图基准面开始应用拔模，如图 17-46 所示。

圆角半径：设定圆角半径，应用于边界、筋、翼梁和填充边界之间的所有相交处，如图 17-47 所示。

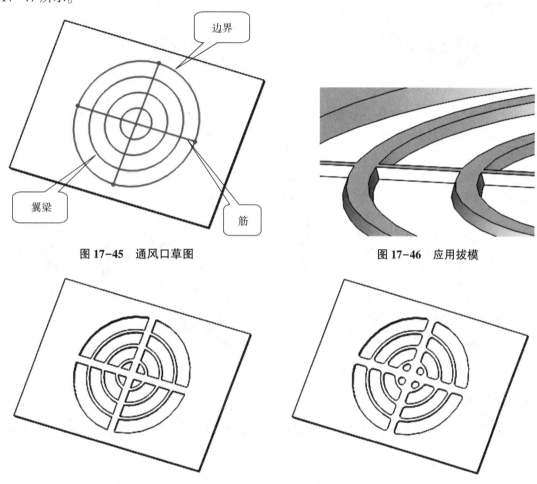

图 17-45　通风口草图　　　　　　　图 17-46　应用拔模

（a）　　　　　　　　　　　　　　　（b）

图 17-47　圆角半径

（a）无圆角半径；（b）有圆角半径

17.5.6　切口特征

切口是在生成钣金零件时使用的特征，同时切口也能单独使用。切口可以使用到厚度一致的实体上面。

在零件上生成切口特征时，可以沿所选内部或外部模型边线生成，或者从线性草图实体中生成，也可以通过组合模型边线和单一线性草图实体生成。

选择一壳体零件，如图17-48所示，生成切口特征的操作如下。

(1)选择壳体零件的上表面，将该平面作为草绘平面，绘制一条直线，如图17-49所示。

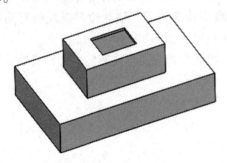

图17-48　壳体零件

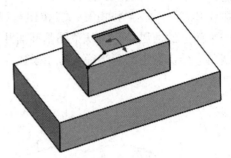

图17-49　绘制直线

(2)单击"插入"—"钣金"—"切口"，弹出"切口"窗格，选择绘制的直线和一条边线来生成切口，如图17-50所示。

(3)在"切口缝隙"选项中输入"1"，单击"改变方向"按钮，可以改变切口的方向，每单击一次，切口方向将切换到一个方向，接着是另外一个方向，然后返回到两个方向，单击"确定"按钮生成切口特征，如图17-51所示。

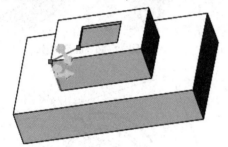

图17-50　选择切口边线

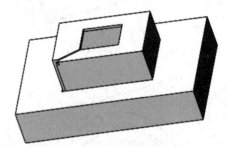

图17-51　切口特征

✎ 工程师提示

在钣金零件上生成切口特征，操作方法与上述讲解的过程相同。

17.6　项目小结

钣金零件建模除了本项目中介绍的主要成形方法，还有很多方便使用的特征，如折弯、切口、褶边等特征。当然，在一些特殊行业，可能会有更复杂的钣金件设计，如有一些不可展开的钣金零件，这就要求用户学习其他的钣金命令，如成形工具、工艺孔等命令。

17.7　训练与提高

（1）绘制图 17-52 所示钣金零件的三维图。

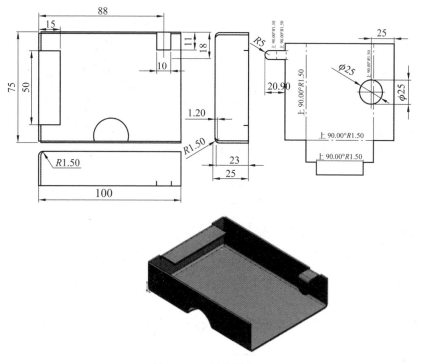

图 17-52　钣金零件 1

（2）绘制图 17-53 所示钣金零件的三维图。

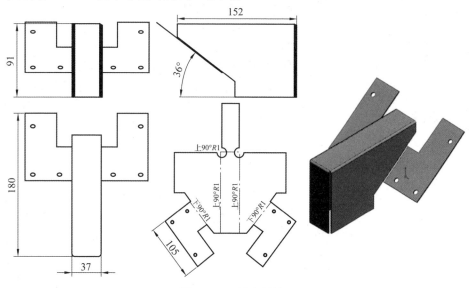

图 17-53　钣金零件 2

（3）绘制图 17-54 所示钣金零件的三维图。

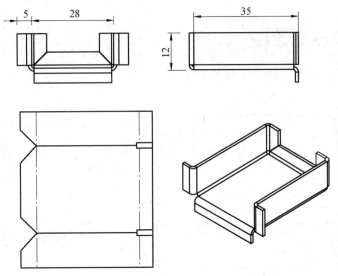

图 17-54　钣金零件 3

（4）绘制图 17-55 所示钣金零件的三维图。

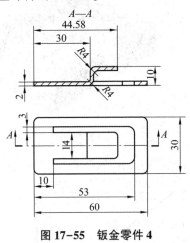

图 17-55　钣金零件 4

项目 18
方形座架焊件建模

18.1.1　知识目标

（1）掌握焊件骨架的绘制方法。
（2）掌握焊接结构件的添加方法。
（3）掌握各种焊件特征的添加方法。

扫一扫观看建模视频

18.1.2　能力目标

（1）具有绘制焊件骨架的能力。
（2）具有绘制焊接结构件的能力。
（3）具有添加焊件特征的能力。

18.1.3　素质目标

（1）培养善于观察、思考的习惯。
（2）培养手动操作的能力。
（3）培养团队协作、共同解决问题的能力。

18.2　项目展示

图 18-1 为方形座架焊件的三维图，试根据该图纸内容绘制方形座架焊件的三维图。

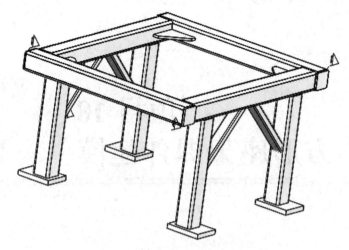

图 18-1　方形座架焊件的三维图

18.3　项目分析

18.3.1　零件背景

焊件是由多个焊接在一起的零件组成的。尽管焊件是一个装配体，但在实际的加工、储运、安装中，通常把它作为一个"零件"。一般在设计时，焊件也是不拆详图的，因此在材料明细表中仍然把它看作一个单独的零件。因为焊件有以上的特点以及传统的设计习惯，所以焊件的建模有它自己的特点。

在 SolidWorks 中，焊件是作为一个多实体的零件来建模的，一个特殊的焊件特征表明这个多实体零件为焊件，系统会自动进行一些建模环境的设置，从而用户就可以使用一系列专用工具和功能，提高焊件设计的效率。

18.3.2　结构分析

由于焊件是一个装配体，因此，应该把焊件作为多实体零件来进行建模。本项目的方形座架焊件建模步骤如下：

（1）绘制焊件的形状作为主体骨架；

（2）选择主体骨架线，新建各类构件；

（3）添加顶端盖和角撑板；

（4）运用"拉伸凸台"命令创建脚垫，镜向支架；

（5）选择相交的边线添加焊缝。

18.4　项目实施

步骤 1　新建基准面并绘制草图。单击"新建"按钮，在"新建 SOLIDWORKS 文件"对话框中选择"零件"模板，单击"确定"按钮。选择"上视基准面"，以此基准面为参考实体，选择等距平面，设置"等距值"为"500mm"，单击"确定"按钮，生成基准面 1 如图 18-2 所示。选择基准面 1 绘制草图，如图 18-3 所示。

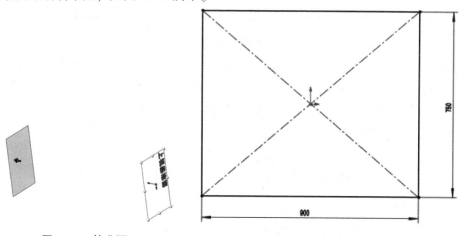

图 18-2　基准面 1　　　　　　　　　图 18-3　基准面 1 草图

步骤 2　绘制底座的前面形状。单击"新建基准面"按钮，选择"前视基准面"为参考实体，再选择图 18-3 中的矩形前端点为参考实体，单击"确定"按钮生成基准面 2，如图 18-4 所示。再次单击"新建基准面"按钮，选取"上视基准面"作为参考实体，选择等距平面，设置"等距值"为"20mm"，生成基准面 3。

选取基准面 2 作为草图绘制平面，绘制如图 18-5 所示草图作为底座的前面形状。

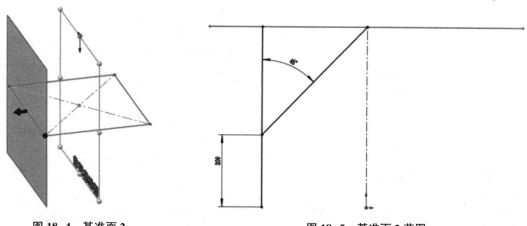

图 18-4　基准面 2　　　　　　　　　图 18-5　基准面 2 草图

步骤 3　添加上座架。单击"插入"—"焊件"—"结构构件"，焊件特征会加入特征管理器设计树中。如果用户没有进行这一步操作，那么在插入第一个结构件时，系统也会自动加入焊件特征。

再次单击"插入"—"焊件"—"结构构件"，系统弹出"结构构件"窗格，如图 18-6 所示。在"标准"下拉列表框中选择"iso"选项，在"类型"下拉列表框中选择"方形管"选项，在"大小"下拉列表框中选择"80×80×5"选项。再单击"路径线段"下的选项，激活该框，依次选取基准面1草图(图8-3)所绘制的矩形的四条边作为构件路线,勾选"应用边角处理"复选框,单击"终端对接1"按钮和连接线段之间的"简单切除"按钮。"终端对接1"是按构件先长后短的顺序相接,选取矩形的顶点,弹出"边角处理"对话框,如图18-7所示,修改该点对接方式变成"终端对接2",单击"确定"按钮,退出"边角处理"对话框。用同样的方法对其他的顶点也作同样的处理,形成如图18-8所示的对接效果。

步骤4 添加下座架。由于座架的直立支架与顶面不在同一个草图平面上,因此需要单击"新组"按钮,新建另一组同样型号的构件。选取基准面2草图(图18-5)所绘的竖直直线作为构件路径线段,得到"组2",单击"确定"按钮,完成下座架的建立,如图18-9所示。

图18-6 "结构构件"窗格

图18-7 "边角处理"对话框

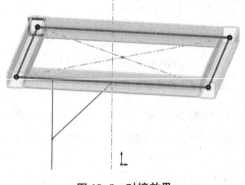

图18-8 对接效果

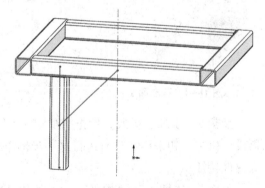

图18-9 下座架

步骤5 添加倾斜支架。单击"结构构件"按钮,在"标准"下拉列表框中选择"iso"选项,在"类型"下拉列表框中选择"矩形管"选项,在"大小"下拉列表框中选择"50×30×2.6"选项。

再单击"路径线段"下的选项,激活该框,选取基准面 2 草图(图 18-5)所绘制的斜线作为构件路线,单击"确定"按钮,完成倾斜支架的建立,如图 18-10 所示。

步骤 6　剪裁焊接构件 1。单击"插入"—"焊件"—"剪裁/延伸",弹出如图 18-11 所示的"剪裁/延伸"窗格。在"边角类型"里选择"终端剪裁实体",在"要剪裁的实体"中选取倾斜支架作为要剪裁的对象;在"剪裁边界"中选择"实体"单选按钮,选取直立支架作为剪裁边界的面,如图 18-12 所示。单击"确定"按钮,完成剪裁。

步骤 7　剪裁焊接构件 2。重复"剪裁/延伸"命令,在"边角类型"里选择"终端剪裁实体",在"要剪裁的实体"中选取倾斜支架作为要剪裁的对象;在"剪裁边界"中选中"实体"单选按钮,选取顶面支架作为剪裁边界的面,如图 18-13 所示。单击"确定"按钮,完成剪裁。

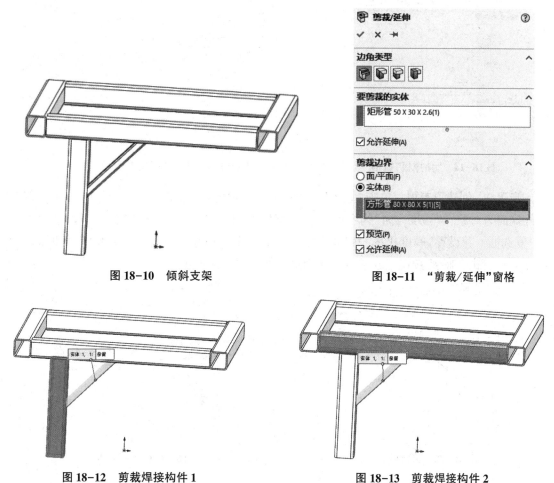

图 18-10　倾斜支架　　　　　　　　图 18-11　"剪裁/延伸"窗格

图 18-12　剪裁焊接构件 1　　　　　　图 18-13　剪裁焊接构件 2

步骤 8　创建角撑板。单击"插入"—"焊件"—"角撑板",弹出如图 18-14 所示的"角撑板"窗格,设置参数"d1""d2"都为"125mm","d3"为"25mm","a1"为"45 度","角撑板厚度"设置为"两边",设置"厚度"为"10mm","位置"为"轮廓定位于中点",选择如图 18-15所示的两个面为对象,单击"确定"按钮完成角撑板的创建。

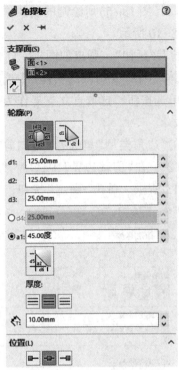

图 18-14 "角撑板"窗格

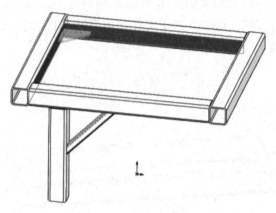

图 18-15 选择角撑板面

步骤 9 创建顶盖板。单击"插入"—"焊件"—"顶盖板",选取如图 18-16 所示的四个构件端面为对象,"厚度方向"为"向外","厚度"为"8mm"。在"等距"选项中勾选"厚度比率"复选框,并设置"厚度比率"为"0.5"。再勾选"倒角边角"复选框,设置"倒角距离"为"5mm",单击"确定"按钮完成顶盖板的创建,如图 18-17 所示。

图 18-16 选取顶盖板面

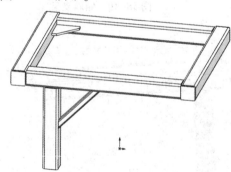

图 18-17 顶盖板

步骤 10 创建脚垫。单击"拉伸凸台/基体"按钮,选取直立支架下端面作为草图绘制平面,绘制如图 18-18 所示的草图,设置"给定深度"为"20mm",单击"确定"按钮完成脚垫的创建,如图 18-19 所示。

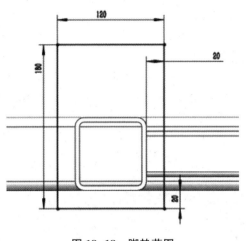

图 18-18　脚垫草图

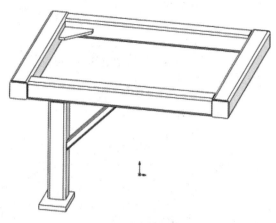

图 18-19　脚垫

步骤 11　创建镜向。选取右视基准面作为镜向基准面，单击"镜向"按钮，选取要镜向的实体，单击"确定"按钮完成镜向 1 的创建，如图 18-20 所示。

选取前视基准面作为镜向基准面，单击"镜向"按钮，选取要镜向的实体，单击"确定"按钮完成镜向 2 的创建，如图 18-21 所示。

图 18-20　镜向 1

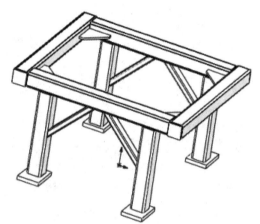

图 18-21　镜向 2

步骤 12　创建 4 mm 填角焊缝 1。单击"插入"—"焊件"—"焊缝"，弹出如图 18-22 所示的"焊缝"窗格。选取如图 18-23 所示的一条边线作为焊接面的对象，该边线必须是两个面的相交线，否则选取不成功。设定"焊缝大小"为"4mm"，并勾选"切线延伸"复选框，完成焊接路径 1 的设置，如图 18-24 所示。

焊缝的每一个焊接路径只能设定一个环，所以按该方法分三次把其他环也选进来，不要退出该命令，继续单击"新焊接路径"按钮，直到设定完成如图 18-25 所示的共四条焊接路径，单击"确定"按钮，退出该命令，完成 4 mm 填角焊缝 1 的创建。

图 18-22 "焊缝"窗格

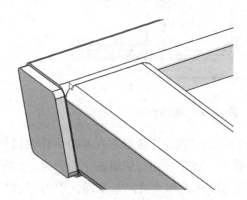

图 18-23 选取焊缝的边

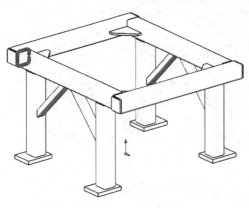

图 18-24 焊接路径 1

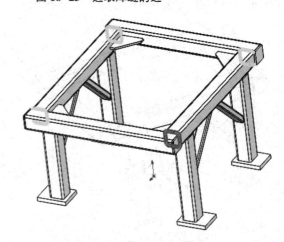

图 18-25 4 mm 填角焊缝 1

步骤 13　创建 4 mm 填角焊缝 2。用上述方法完成 4 mm 填角焊缝 2 的创建，如图 18-26 所示。

步骤 14　创建 2 mm 填角焊缝。用上述方法完成 2 mm 填角焊缝的创建，如图 18-27 所示。

步骤 15　设置焊缝的焊接材料。单击特征管理器设计树中的"焊接文件夹"，展开该文件夹，右击设置 4 mm 焊缝的焊接材料，如图 18-28 所示。在弹出的快捷菜单中选择"属性"，在"焊接材料"文本框中输入"结构钢焊条"，单击"确定"按钮，完成焊接材料的设置，如图 18-29 所示。

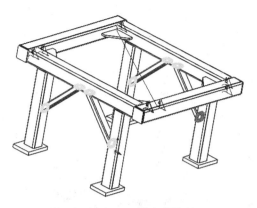

图 18-26　4 mm 填角焊接缝 2

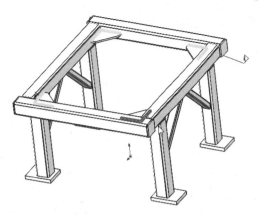

图 18-27　2 mm 填角焊缝

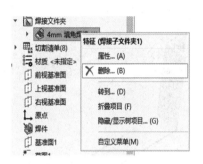

图 18-28　设置焊接材料

图 18-29　添加焊接材料

18.5　项目拓展

在实际的设计、生产中，焊件大致可以分为两大类：一类多由钢板材拼焊而成，称为板焊；另一类多由型材拼焊而成，称为型材焊。其实这两种焊件没有严格的区分，通常的焊件中既有板焊，又有型材焊。

18.5.1　结构构件

结构构件是通过绘制路径草图生成焊接件的过程。单击"插入"—"焊件"—"结构构件"，选中绘制好的路径草图，并在"结构构件"窗格中依次选择结构构件的"标准""类型"和"大小"，单击"确定"按钮，即可添加结构构件，如图 18-30 所示。

单击"结构构件"窗格中的"设定"按钮，打开"设定"卷展栏，在此卷展栏中可以对"结构构件"的更多选项进行设置。其中，部分选项的功能和意义如下。

合并圆弧段实体：如果路径草图中有相切的圆弧段，将显示此复选框，勾选此复选框后将合并圆弧段和相邻实体为一个实体，否则每个曲面实体将生成单独实体。

应用边角处理：用于定义当结构构件在边角处交叉时，如何剪裁结构构件的重叠部分。

镜向轮廓：用于定义结构构件截面轮廓的方向，勾选此复选框后，可以将轮廓按照水平轴镜向或竖直轴镜向，如图 18-31 所示。

图 18-30　添加结构构件

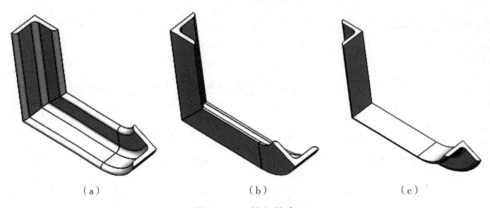

（a）　　　　　　　　　（b）　　　　　　　　　（c）

图 18-31　镜向轮廓

（a）未镜向轮廓；（b）水平轴镜向；（c）垂直轴镜向

🔧 工程师提示

> 在"结构构件"窗格中单击"新组"按钮，可以选择多个草图作为结构构件的路径，并分别为每个组设定参数。

18.5.2　剪裁/延伸构件

如果结构构件作为单独的特征插入，系统就会自动进行剪裁，但是，一般结构构件都是通过多步操作插入的，这就需要对这些插入的结构构件和现有的结构构件进行剪裁，把干涉的实体剪掉或缝隙延伸。

单击"焊件"工具栏中的"剪裁/延伸"按钮🔲，弹出"剪裁/延伸"窗格，使用系统默认的"终端剪裁"方式🔲，选择要剪裁的实体和剪裁边界，双击被剪裁实体外侧"标注"上的"保留"文字，将其切换为"丢弃"，单击"确定"按钮即可完成剪裁操作，如图 18-32 所示。

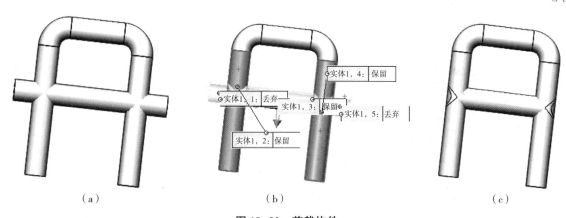

（a）　　　　　　　　　　　　　（b）　　　　　　　　　　　　　（c）

图 18-32　剪裁构件

（a）未剪裁；（b）选择"保留"与"丢弃"；（c）完成剪裁

🔧 工程师提示

在"剪裁/延伸"窗格中，除了"终端剪裁"方式，还有三种剪裁方式，这三种剪裁方式多用于结构构件的边角处理，其作用和意义下面将作详细解释。

此外，在进行"终端剪裁"时，除了可以选择实体作为剪裁边界，还可以选择曲面或平面作为剪裁的边界。若单击"焊接接缝"按钮，则可以设置被剪裁的结构构件与剪裁边界间的距离。

在"剪裁/延伸"结构构件或创建结构构件的过程中，当结构构件在边角处交叉时，可在"边角类型"卷展栏中定义剪裁结构构件的方式，共有四种剪裁方式，分别为终端剪裁、终端斜接、终端对接 1 和终端对接 2，其效果如图 18-33 所示。

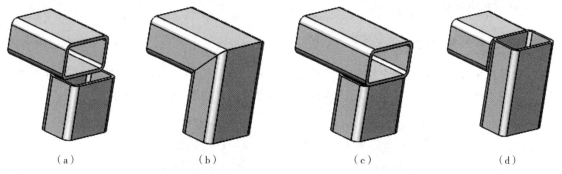

（a）　　　　　　　　　（b）　　　　　　　　　（c）　　　　　　　　　（d）

图 18-33　四种剪裁方式

（a）终端剪裁；（b）终端斜接；（c）终端对接 1；（d）终端对接 2

18.5.3　顶端盖

有些结构构件的截面是封闭的轮廓，通常工程中可能要加一端盖，把它封闭起来。这种情况可以直接用"顶端盖"命令完成。

单击"焊件"工具栏中的"顶端盖"按钮 ⑩，弹出"顶端盖"窗格，如图 18-34 所示。选择结构构件的端面，设置"顶端盖厚度"和"厚度比率"，单击"确定"按钮即可创建顶端盖，如图 18-35 所示。

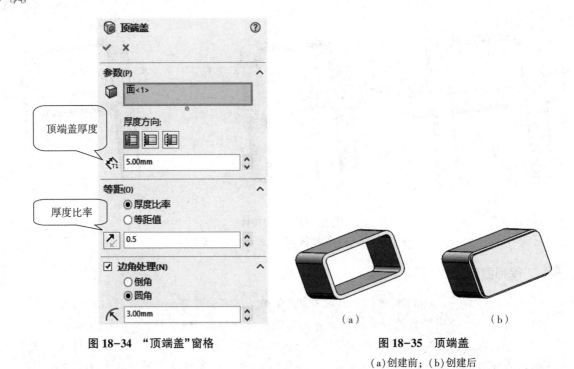

图 18-34 "顶端盖"窗格

图 18-35 顶端盖

(a)创建前；(b)创建后

工程师提示

只能对封闭截面的结构构件加顶端盖，如矩形管、圆管等，不能对开放的截面加顶端盖，如槽钢、角钢等。此外，只能对结构构件生成的实体加顶端盖，顶端盖不适用于拉伸特征形成的封闭截面。

18.5.4　角撑板

角撑板主要用于加固两个结构构件的相交区域，令结构构件连接得更牢固且不易变形。系统提供了多边形轮廓和三角形轮廓两种类型的角撑板，如图 18-36 所示。

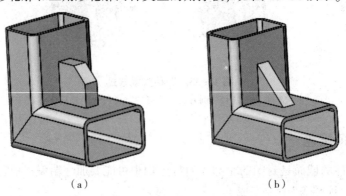

图 18-36　角撑板的类型

(a)多边形轮廓；(b)三角形轮廓

单击"焊件"工具栏中的"角撑板"按钮 ◢，弹出"角撑板"窗格，然后依次选择要添加角撑板的两个相交面，再适当设置角撑板的轮廓和在结构构件上的位置（或保存系统默认），单击"确定"按钮即可创建角撑板，如图 18-37 所示。

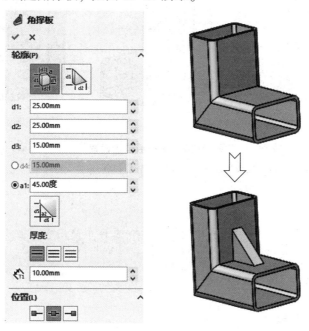

图 18-37　创建角撑板

下面对"角撑板"中部分选项进行说明。

轮廓：多边形轮廓和三角形轮廓分别用于两种角撑板类型的切换，其参数可参考选项下面的图例进行设置。

倒角：单击此按钮可为角撑板设置倒角，以便为角撑板下的焊缝留出空间，如图 18-38所示，其参数设置与倒角基本相同。

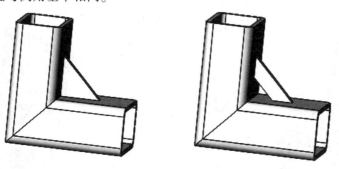

图 18-38　角撑板倒角设置

厚度：角撑板的"厚度"选项分为"内边""两边"和"外边"及"角撑板厚度"文本框；用于设置角撑板的厚度及厚度延伸的方向，可设置角撑板轮廓向两侧延伸，也可设置向某一侧延伸。

位置：用于设置角撑板在所选面与边界的相对位置，如可设置"定位于起点""定位于中点"和"定位于端点"等，如图18-39所示，勾选"等距"复选框，则可在下面的"等距值"文本框中设置角撑板距离某个边界的确切距离。

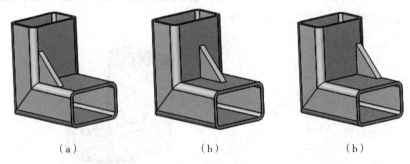

图18-39　角撑板位置设置

(a)定位于起点；(b)定位于中点；(b)定位于端点

🔧 工程师提示

角撑板不只限于焊接零件中，我们可以在任何零件中使用它，但是角撑板是作为一个单独的实体来创建的。

角撑板依附的两个面只能是平面。

▶▶ 18.5.5　圆角焊缝

使用"圆角焊缝"命令可以在任何交叉的焊件实体(如结构构件、平板焊件或角撑板)之间添加"全长""间歇"或"交错"圆角焊缝。

单击"焊接"工具栏中的"圆角焊缝"按钮 ，弹出"圆角焊缝"窗格，选择焊缝类型和焊缝长度，然后依次选择两个相邻的面组，如图18-40所示，单击"确定"按钮即可为结构构件圆角进行焊接。

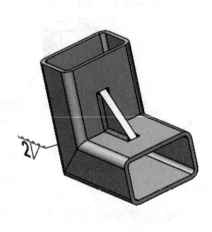

图18-40　创建圆角焊缝

图 18-40 中为全长焊缝，下面看一下其他两种焊缝的意义。

间歇焊缝：在"焊缝类型"下拉列表框中选择"间歇"选项，可以为焊件添加间歇焊缝。间歇焊缝是一种具有一定间距的焊缝形式，如图 18-41 所示。在创建间歇焊缝时，可以定义"焊缝长度"和"焊缝间距"。

交错焊缝：在"焊缝类型"下拉列表框中选择"交错"选项，可以为焊件添加交错焊缝，交错焊缝主要用于在板材的两侧添加交替分布的焊缝，如图 18-42 所示（需要注意的是，在添加交替焊缝时，需要在"对边"卷展栏中单独设置对边中连接焊缝的两个面组）。

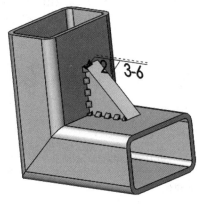

图 18-41　间歇焊缝

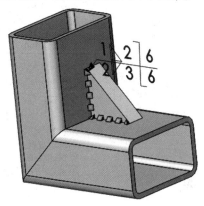

图 18-42　交错焊缝

🔧 工程师提示

在"圆角焊缝"窗格中，勾选"切线延伸"复选框，可以沿着相切的交叉边线自动延伸焊缝；而"交叉边线"列表框则主要用于当有多个交叉边线时，可在此列表框中删除不必要的交叉边线。

18.6　项目小结

本项目介绍了焊接类零件的建模方法。焊接件是机械中常见的结构类零件。在 SolidWorks 中为焊接类机械零件的建模提供了专用的模块和工具，运用这些工具可以方便、快捷地完成焊件设计。

18.7　训练与提高

完成图 18-43 所示钣金件装配体的建模。

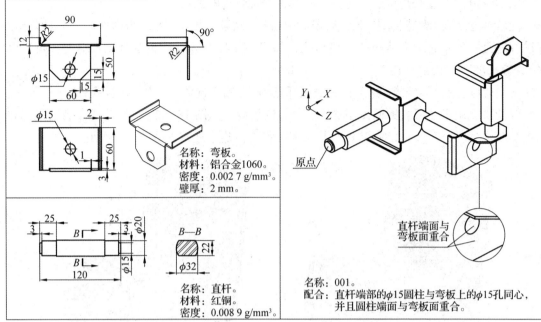

名称：弯板。
材料：铝合金1060。
密度：0.002 7 g/mm³。
壁厚：2 mm。

名称：直杆。
材料：红铜。
密度：0.008 9 g/mm³。

原点

直杆端面与
弯板面重合

名称：001。
配合：直杆端部的φ15圆柱与弯板上的φ15孔同心，
　　　并且圆柱端面与弯板面重合。

图 18-43　钣金件装配体

项目 19
阶梯轴工程图

19.1 学习目标

19.1.1 知识目标

(1)熟悉工程图环境。

(2)掌握创建图纸、图框、标题栏，设置模板的方法。

(3)掌握创建基本视图、投影视图、局部放大图、剖视图的方法。

扫一扫观看建模视频

19.1.2 能力目标

(1)具有设置并应用图纸模板的能力。

(2)具有正确创建模型工程图的能力。

19.1.3 素质目标

(1)培养善于观察、思考的习惯。

(2)培养手动操作的能力。

(3)培养团队协作、共同解决问题的能力。

19.2 项目展示

图 19-1 为阶梯轴的二维工程图，试根据该图纸内容绘制阶梯轴的二维工程图。

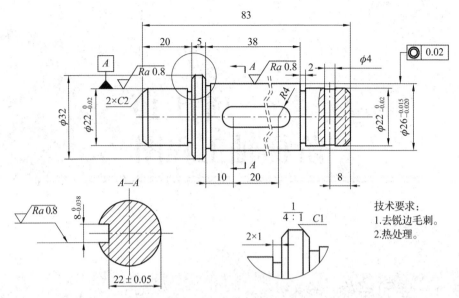

图 19-1　阶梯轴的二维工程图

19.3　项目分析

19.3.1　零件背景

轴类零件是五金配件中经常遇到的典型零件之一。它们在机器中用来支承齿轮、带轮等传动零件，以传递转矩或运动。轴类零件是旋转体零件，其长度大于直径，一般由同心轴的外圆柱面、圆锥面、内孔和螺纹及相应的端面所组成。

根据结构形状的不同，轴类零件可分为光轴、阶梯轴、空心轴和曲轴等。

19.3.2　结构分析

如图 19-1 所示，阶梯轴工程图的创建可按下列步骤进行：

（1）创建图纸页；

（2）创建图框、标题栏；

（3）添加各个视图。

19.4　项目实施

步骤 1　新建绘图文件。单击菜单栏中的"文件"—"新建"，弹出"新建 SOLIDWORKS文件"对话框，如图 19-2 所示。

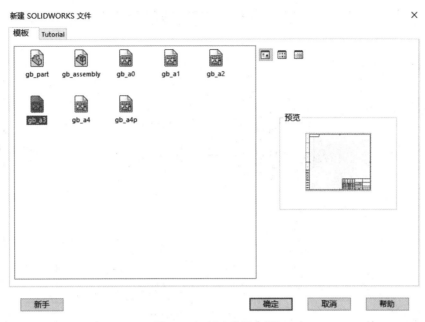

图 19-2　新建绘图文件

步骤 2　设置绘图标准。单击菜单栏中的"工具"—"选项"，弹出"选项"对话框，切换至"文档属性"选项卡，再单击"总绘图标准"，选择"GB"，如图 19-3 所示。

步骤 3　创建主视图。单击"视图布局"命令管理器上的"模型视图"按钮，在"要插入的零件/装配体"中单击"浏览"按钮，找到"阶梯轴"文件。在"模型视图"窗格中，在"方向"栏中单击"前视"，在"显示样式"栏中选择"隐藏线可见"，如图 19-4 所示。然后在绘图建模工作区移动光标至合适位置，放置零件的主视图如图 19-5 所示。单击"确定"按钮，关闭对话框。

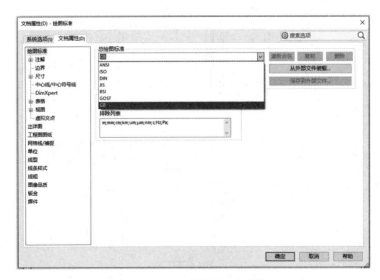

图 19-3　"文档属性"选项卡

图 19-4　"模型视图"窗格

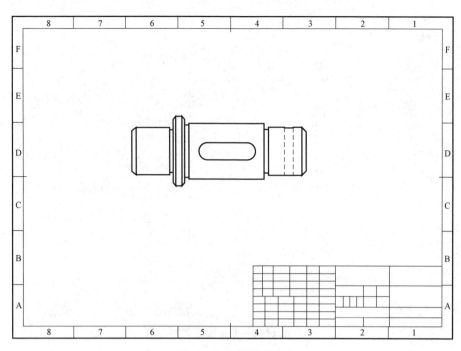

图 19-5　创建主视图

步骤 4　创建断面图。单击"视图布局"命令管理器上的"剖面视图"按钮 ，弹出"剖面视图"窗格，如图 19-6 所示。在窗格中选择剖面形式和切割线形式，即出现一个紫色的切割线，移动光标至合适位置时，放置切割线绘图建模工作区出现切割线编辑弹出框，如图 19-7 所示。

拖动光标，在合适的位置单击，生成断面图，如图 19-8 所示。选择断面图，右击，在弹出的快捷菜单中执行"视图对齐"—"解除对齐关系"命令，解除两个视图的对齐关系，如图 19-9 所示。移动断面图至合适的位置，如图 19-10 所示。

图 19-6　"剖面视图"窗格

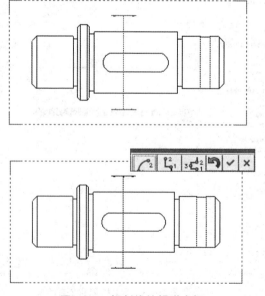

图 19-7　切割线编辑弹出框

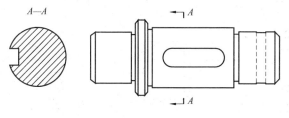

图 19-8 断面图

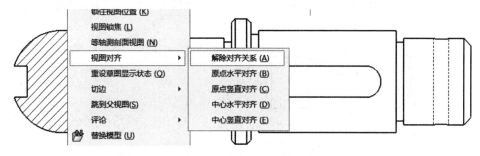

图 19-9 视图快捷菜单

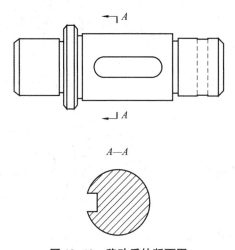

图 19-10 移动后的断面图

步骤 5 创建局部放大图。单击主视图，转到"草图"命令管理器，在需要放大的地方用圆绘制一封闭的轮廓，确定放大区域，如图 19-11 所示。选中此封闭轮廓，单击"视图布局"命令管理器中的"局部视图"按钮，弹出"局部视图"窗格，如图 19-12 所示。在窗格中设置缩放比例为 2∶1。在图上选取要放置局部视图的位置，局部视图将显示封闭轮廓范围内的父视图区域，如图 19-13 所示。

步骤 6 设置主视图为局部剖视图。单击主视图，转到"草图"命令管理器，用样条曲线绘制一封闭轮廓，确定剖切区域，如图 19-14 所示。选中此封闭轮廓，单击"视图布局"命令管理器中的"断开的剖视图"按钮，弹出"断开的剖视图"窗格，在窗格中输入剖切的深度值或选择一切割到的实体边线，如图 19-15 所示。消除隐藏线，单击"确定"按钮，关闭窗格。生成的局部剖视图如图 19-16 所示。

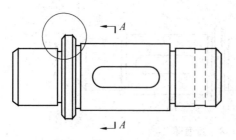

图 19-11　放大区域

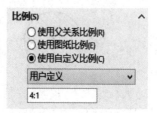

图 19-12　"局部视图"窗格

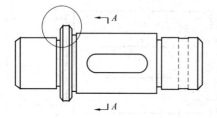

图 19-13　局部视图

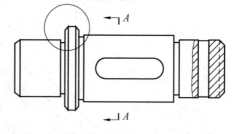

图 19-14　剖切区域

图 19-15　"断开的剖视图"窗格

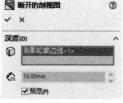

图 19-16　局部剖视图

步骤 7　设置主视图为断裂视图。单击主视图，单击"视图布局"命令管理器中的"断裂视图"按钮 ，弹出"断裂视图"窗格，在窗格中设置折断缝隙大小和折断线样式，如图 19-17 所示。左右拖动光标，在合适的位置单击放置第一断裂线和第二断裂线，生成断裂视图，如图 19-18 所示。

图 19-17　"断裂视图"窗格

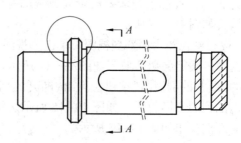

图 19-18　断裂视图

步骤 8　添加中心线。单击"注解"命令管理器中的"中心线"按钮，弹出"中心线"窗格，如图 19-19 所示。依次选择主视图的上下两条边线，生成两边线的中心线，如图 19-20 所示。

图 19-19　"中心线"窗格

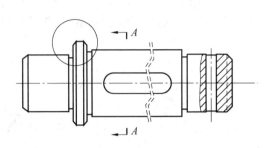

图 19-20　中心线

步骤 9　添加中心符号线。单击"注解"命令管理器中的"中心符号线"按钮，选择断面图中的圆，生成中心符号线，如图 19-21 所示。

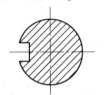

图 19-21　中心符号线

步骤 10　添加尺寸标注。单击"注解"命令管理器中的"智能尺寸"按钮，在工程视图中单击要标注尺寸的项目，再单击以放置尺寸。标注方法和草图绘制中的"智能尺寸"相同，如图 19-22 所示。

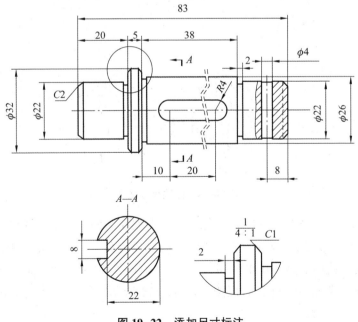

图 19-22　添加尺寸标注

步骤 11　调整尺寸标注。以局部放大图的尺寸"2×1"为例，单击选择尺寸"2"，在如图 19-23 所示的"尺寸"窗格中，勾选"覆盖数值"复选框，在"主要"文本框中输入"2×1"，单击"确定"按钮，得到的视图如图 19-24 所示。

以主视图的尺寸"2×C2"为例，单击选择尺寸"C2"，在如图 19-25 所示的"尺寸"窗格的"标注尺寸文字"文本框的"<DIM>"前输入"2×"，单击"确定"按钮，得到的视图如图 19-26 所示。

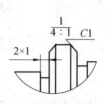

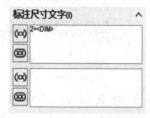

图 19-23　"尺寸"窗格　　　图 19-24　修改尺寸值　　　图 19-25　"标注尺寸文字"文本框

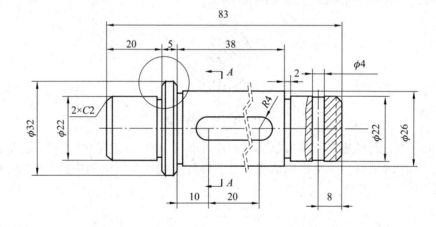

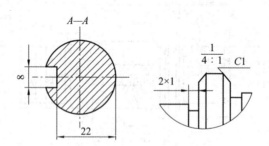

图 19-26　修改尺寸文本

步骤 12　标注尺寸公差。以标注主视图的尺寸 $\phi26$ 为例，单击选择尺寸"26"，在如图 19-27 所示的"尺寸"窗格的"公差 1 精度"选项区中设置公差。在公差栏中，公差模式选择为"双边"，上公差值设置为"-0.015mm"，下公差值设置为"-0.020mm"，小数位数设置为".123"。公差标注完成后，得到的视图如图 19-28 所示。其余尺寸公差按相同方法标注即可。

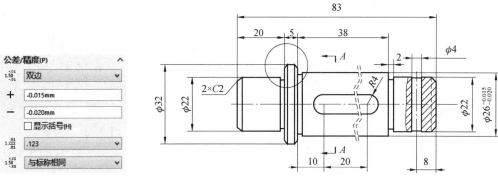

图 19-27　设置公差　　　　　　　　　图 19-28　标注尺寸公差

步骤 13　标注基准符号。单击"注解"命令管理器中的"基准特征"按钮，弹出"基准特征"窗格。在"基准特征"窗格中的"标号设定"文本框中输入"A"，如图 19-29 所示。在图纸区的合适位置放置符号，完成基准符号的标注，如图 19-30 所示

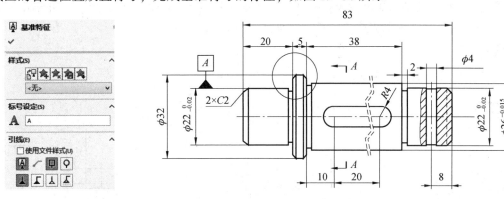

图 19-29　"基准特征"窗格　　　　　　图 19-30　标注基准符号

步骤 14　标注同轴度公差。单击"注解"命令管理器中的"形位公差"按钮 **形位公差**，弹出"属性"对话框，如图 19-31 所示。在"属性"对话框中，公差符号选择"◎"，输入公差值为"0.02"，输入公差基准代号为"A"。在绘图建模工作区的合适位置放置符号，完成同轴度公差的标注，如图 19-32 所示。

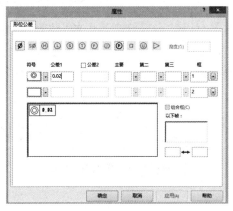

图 19-31　"属性"对话框

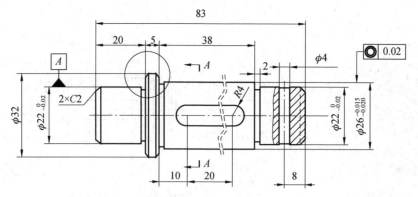

图 19-32 标注同轴度公差

步骤 15 标注表面粗糙度。单击"注解"命令管理器中的"表面粗糙度符号"按钮 √（或单击菜单栏中的"插入"—"注解"—"表面粗糙度符号"），弹出"表面粗糙度"窗格。在"表面粗糙度"窗格中按图 19-33 进行设置。在绘图建模工作区的合适位置放置符号，并单击窗格中的"确定"按钮完成表面粗糙度的标注，如图 19-34 所示。

图 19-33 "表面粗糙度"窗格

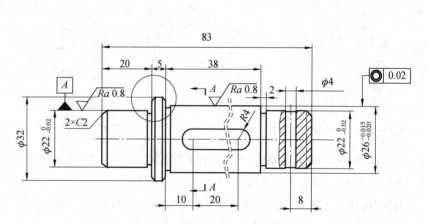

图 19-34 标注表面粗糙度

步骤 16 添加注释。单击"注解"命令管理器中的"注释"按钮 A，弹出"注释"窗格。在绘图建模工作区拖动光标定义文本框，在文本框内输入技术要求，然后按鼠标中键结束文本的输入。在"格式化"工具栏中设置文字字体、字号等，如图 19-35 所示。添加的注释如图 19-36 所示。

图 19-35 "格式化"工具栏

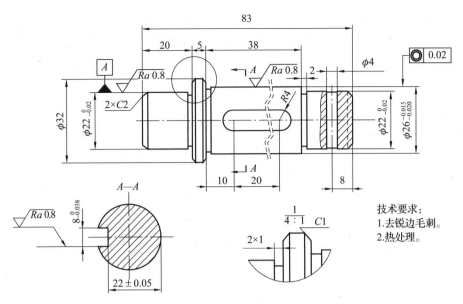

图 19-36　添加注释

19.5　项目拓展

19.5.1　工程图的图形属性

工程图是按一定投影规律和绘图标准得到的技术文件，在绘制工程图前首先要进行相关设置，使之符合国家的绘图标准。SolidWorks 提供了一套完整的国标方案。

单击菜单栏中的"工具"—"选项"，弹出"选项"对话框，切换至"文档属性"选项卡，再单击"总绘图标准"，选择"GB"，工程图的其他文档属性可在"注解""尺寸""表格""出详图"等主题中设置，如图 19-37 所示。切换至"系统选项"选项卡，在"工程图"的"显示类型""区域剖面线/填充"主题中设置工程图的系

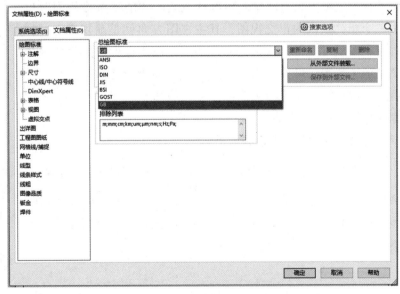

图 19-37　"文档属性"选项卡

统选项，如图 19-38 所示。然后单击"确定"按钮，关闭对话框。

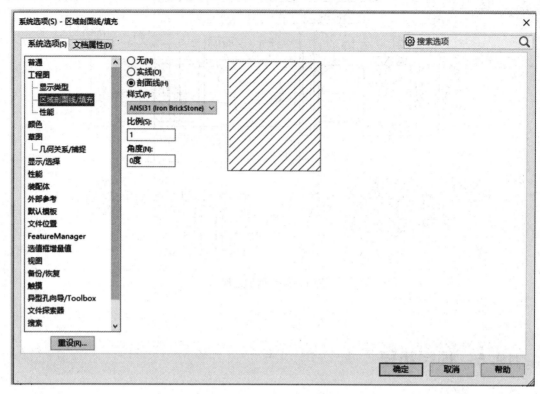

图 19-38　"系统选项"选项卡

19.5.2　标准三视图

标准三视图能为创建的零部件或装配体的三维模型同时生成三个相关默认的正交视图，其主视图方向就是前视方向。标准三视图既可以是第一视角画法的三视图，也可以是第三视角画法的三视图，可按照图纸格式设置中的投影类型来选择。中国、德国和俄罗斯等国家采第一视角投影法，美国、日本等国家采用第三视角投影法。

标准三视图的创建步骤如下。

单击"视图布局"命令管理器中的"标准三视图"按钮，弹出"标准三视图"窗格，如图 19-39 所示。单击"浏览"按钮，找到相应的立体文件，然后单击"确定"按钮，关闭窗格。标准三视图如图 19-40 所示。

图 19-39　"标注三视图"
窗格

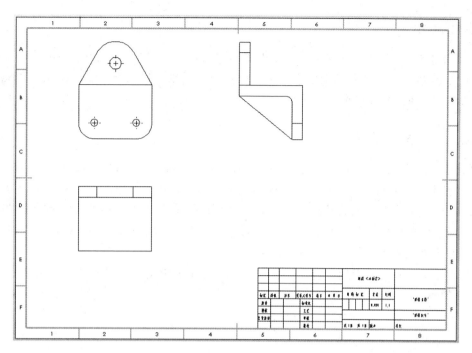

图 19-40　标准三视图

19.5.3　模型视图

模型视图是创建的第一个视图，通常用来表达零件的主要结构，其创建步骤如下。

单击"视图布局"命令管理器中的"模型视图"按钮 （或单击菜单栏中的 "插入"—"工程视图"—"模型视图"），弹出"模型视图"窗格。在"要插入的零件/装配体"中单击"浏览"按钮，找到相应的立体文件，其余设置如图 19-41 所示。然后单击绘图建模工作区任意位置，确定"模型视图"的中心位置，单击"确定"按钮关闭窗格，得到的模型视图如图 19-42 所示。

图 19-41　"模型视图"窗格

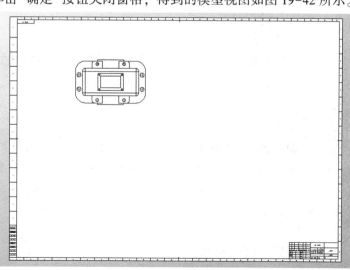

图 19-42　模型视图

工程师提示

"模型视图"工具用于创建各种标准视图(前视图、后视图、左视图、右视图和等轴测视图等),标准视图是放置在图样上的第一个视图,用于表达模型的主要结构,同时也是创建投影视图和局部视图等的基础和依据。

19.5.4 投影视图

创建模型后,就可以创建投影视图。投影视图是根据已有视图利用投影生成的视图,如俯视图、左视图、右视图、前视图、后视图和仰视图。创建步骤如下。

(1)在已生成模型视图的基础上,单击"视图布局"命令管理器中的"投影视图"按钮 ,或单击菜单栏中的"插入"—"工程视图"—"投影视图",弹出"投影视图"窗格。

(2)在图纸区单击选择左上方的主视图。

(3)上、下、左、右及斜向拖动光标,在合适的位置单击,生成此方向的投影视图,如图19-43所示。

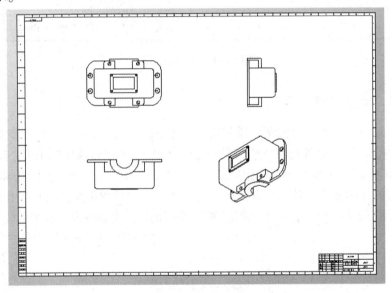

图 19-43　投影视图

工程师提示

"投影视图"的投影样式与工程图采用的"投影类型"有关,通常有"第一视角"和"第三视角"两种投影类型,系统默认使用"第一视角"投影类型来生成投影视图(这也是我国采用的投影方式),可右击模型树中的视图,选择"属性"选项,在打开的对话框中更改视图的默认投影类型。

19.5.5 辅助视图

辅助视图即国标中规定的斜视图,用于表达机件的倾斜结构。创建辅助视图的步骤如下。

（1）单击"视图布局"命令管理器中的"辅助视图"按钮 ，或单击菜单栏中的"插入"—"工程视图"—辅助视图，弹出"辅助视图"窗格，勾选"箭头"复选框。

（2）选取要创建辅助视图的斜边，则在投影平面的法线方向上方出现一个辅助视图的预览效果。

（3）拖动光标到所需的位置，单击放置视图，如图 19-44 所示。

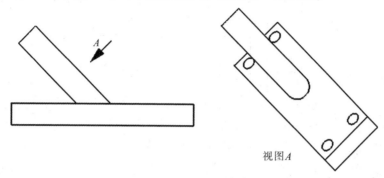

视图A

图 19-44 辅助视图

19.5.6 局部视图

局部视图即国标中规定的局部放大图，通常用放大的比例来显示某一局部形状。创建局部视图的步骤如下。

(1)转换到"草图"命令管理器中，在需要放大的地方绘制一封闭的轮廓。

(2)选中此封闭轮廓，单击"视图布局"命令管理器中的"局部视图"按钮 ，或单击菜单栏中的"插入"—"工程视图"—"局部视图"命令，弹出"局部视图"窗格。在窗格中设置标注视图的名称和缩放比例。

(3)在绘图建模工作区选取要放置局部视图的位置，局部视图将显示封闭轮廓范围内的父视图区域，如图 19-45 所示。

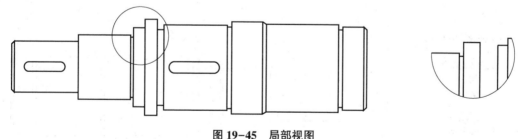

图 19-45 局部视图

19.5.7 剪裁视图

剪裁视图即国标中规定的局部视图，通过隐藏除所定义区域之外的所有内容而突出某部分。创建剪裁视图的步骤如下。

(1)单击要创建剪裁视图的工程视图，转到"草图"命令管理器中，绘制一封闭的轮廓。

(2)选中此封闭轮廓，单击"视图布局"命令管理器中的"剪裁视图"按钮 ，或单击菜单栏中的"插入"—"工程视图"—"剪裁视图"。

（3）单击"草图"选项，选择"样条曲线"命令，绘制剪裁视图的区域。此时，剪裁轮廓以外的视图消失，生成剪裁视图，如图19-46所示。

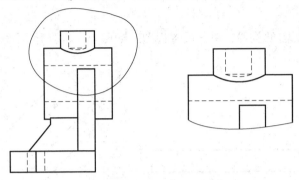

图19-46 剪裁视图

⚒ **工程师提示**

右击剪裁后的视图，选择"剪裁视图"—"移除剪裁视图"，可恢复源视图。

▶ 19.5.8 断裂视图

断裂视图即国标中规定的断开画法。创建断裂视图的步骤如下。

（1）单击要创建断裂视图的工程视图。

（2）单击"视图布局"命令管理器中的"断裂视图"按钮⊹，或单击菜单栏中的"插入"—"工程视图"—"断裂视图"，弹出"断裂视图"窗格，如图19-47所示。

（3）左右拖动光标，在合适的位置单击放置第一断裂线和第二断裂线，生成断裂视图如图19-48所示。

图19-47 "断裂视图"窗格

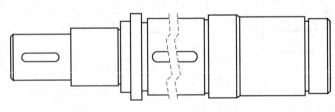

图19-48 断裂视图

⚒ **工程师提示**

在"断裂视图"窗格中可以设置视图断裂的方向、缝隙大小和折断线的样式，其功能和意义都较易理解，此处不再赘述。

19.5.9 剖面视图

剖面视图通过剖切线切割父视图而生成，属于派生视图，可以显示模型内部的形状和尺寸，它包含单一剖切平面、阶梯剖和旋转剖三种。这里仅介绍创建单一剖切平面视图的步骤，具体如下。

（1）单击要创建剖面视图的工程视图。

（2）单击"视图布局"命令管理器中的"剖面视图"按钮 ，或单击菜单栏中的"插入"—"工程视图"—"剖面视图"，弹出"剖面视图辅助"窗格，如图 19-49 所示。

（3）用一剖切线穿过父视图中央，根据推理线和位置指示符确定剖切位置。系统弹出"剖面视图 A-A"窗格，如图 19-50 所示，选择箭头方向。

（4）拖动光标，在合适的位置单击放置剖面视图，生成剖面视图如图 19-51 所示。

图 19-49 "剖面视图辅助"窗格

图 19-50 "剖面视图 A-A"窗格

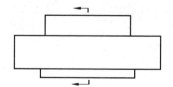

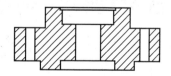

图 19-51 剖面视图

⚒ 工程师提示

"剖面视图"窗格中的"剖面深度"复选框主要用于设置剖面视图中显示零件的范围，其所设置的剖面深度是指剖切线与剖面基准面之间的距离，在此距离内的零件区域将被显示，不在此距离内的零件区域将不被显示。

19.5.10　断开的剖视图

断开的剖视图即国标中规定的局部剖视图。创建断开的剖视图的步骤如下。

（1）单击要创建断开的剖视图的工程视图，转到"草图"命令管理器中，用样条曲线绘制一封闭的轮廓，确定剖切区域。

（2）选中此封闭轮廓，单击"视图布局"命令管理器中的"断开的剖视图"按钮▣，或单击菜单栏中的"插入"—"工程视图"—"断开的剖视图"，弹出"断开的剖视图"窗格，如图19-52所示。在窗格中输入剖切的深度值或选择一切割到的实体边线。

（3）单击"确定"按钮，关闭窗格。生成断开的剖视图如图19-53所示。

图19-52　"断开的剖视图"窗格

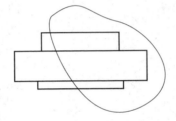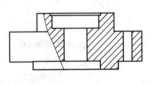

图19-53　断开的剖视图

19.6　项目小结

本项目介绍了SolidWorks中工程图的绘制方法。在SolidWorks中，利用建模模块创建的三维实体模型，都可以利用工程图模块投影生成二维工程图，并且所生成的工程图与该实体模型是完全关联的。SolidWorks在创建工程图的过程中首先要生成基本视图，然后在基本视图的基础上添加其他视图，如剖视图、放大图等。

19.7　训练与提高

（1）绘制图19-54所示零件的三维模型与工程图。

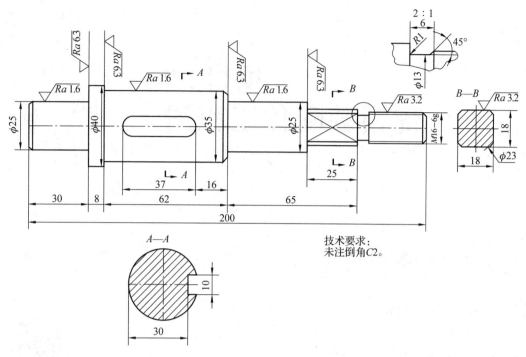

图 19-54　零件 1

（2）绘制图 19-55 所示零件的三维模型与工程图。

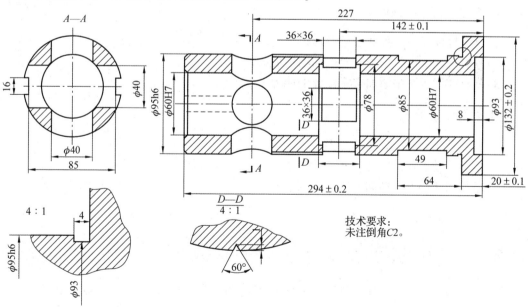

图 19-55　零件 2

项目 20
台虎钳装配体工程图

20.1 学习目标

20.1.1 知识目标

(1)掌握装配体视图的创建方法。
(2)掌握装配体视图的编辑方法。
(3)掌握标注注释的方法。

扫一扫观看建模视频

20.1.2 能力目标

(1)具有标注尺寸、尺寸公差及形位公差的能力。
(2)具有标注基准特征符号及表面粗糙度的能力。
(3)具有在工程图中添加文字注释的能力。

20.1.3 素质目标

(1)培养善于观察、思考的习惯。
(2)培养手动操作的能力。
(3)培养团队协作、共同解决问题的能力。

20.2 项目展示

图 20-1 为台虎钳装配体工程图,试根据该图纸内容在 SolidWorks 中完成绘制。

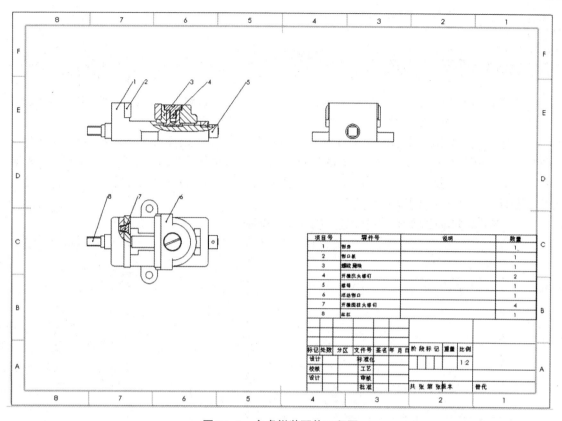

图 20-1　台虎钳装配体工程图

20.3　项目分析

20.3.1　零件背景

台虎钳又名机用虎钳，是一种通用夹具，常用于安装小型工件。它是铣床、钻床的随机附件，将其固定在机床工作台上，用来夹持工件进行切削加工。

台虎钳的工作原理是用扳手转动丝杠，通过丝杠、螺母带动活动钳身移动，形成对工件的夹紧与松开。被夹工件的尺寸不得超过 70 mm。

20.3.2　结构分析

台虎钳的结构相对比较复杂，绘制工程图时可按下列步骤进行：

(1)创建主视图；

(2)创建剖视图；

(3)标注尺寸；

(4)创建零件明细表。

20.4　项目实施

步骤1　新建绘图文件。单击菜单栏中的"文件"—"新建",弹出"新建 SOLIDWORKS 文件"对话框。选择"gb_a3",如图20-2所示,单击"确定"按钮。

步骤2　创建主视图。单击"视图布局"命令管理器中的"模型视图"按钮,弹出"模型视图"窗格,如图20-3所示,单击"浏览"按钮,找到"台虎钳"文件。将台虎钳装配体的"下视"拉到工程图区域中,然后向下拖动成"俯视图",再向右拖动生成"左视图",得到台虎钳的三视图,如图20-4所示。

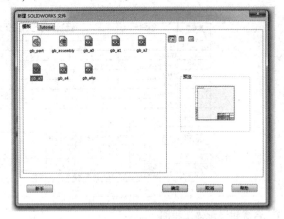

图20-2　新建绘图文件

图20-3　"模型视图"窗格

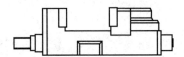

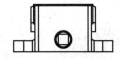

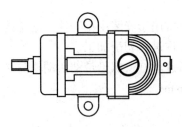

图20-4　台虎钳三视图

步骤3　创建切边不可见视图。右击主视图,弹出如图20-5所示的快捷菜单。选择"切边"为"切边不可见",对俯视图和左视图进行同样的操作,得到切边不可见视图,如图20-6所示。

步骤4　创建局部剖视图。单击"工程图"工具栏中的"断开的剖视图"按钮,在俯视图的固定夹板上绘制如图20-7所示的样条曲线,然后在弹出的"剖面视图"对话框中勾选"自动打剖面线"复选框,如图20-8所示。在如图20-9所示的"断开的剖视图"窗格中设置"剖切深度"为"11.5mm"。单击"确定"按钮,完成俯视图的局部剖视图,如图20-10所示。

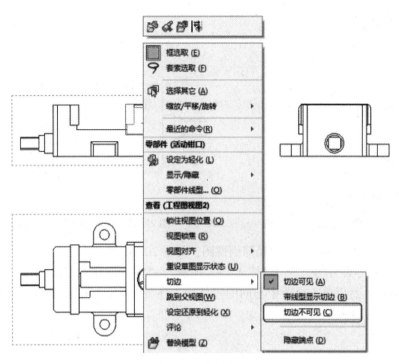

图 20-5　快捷菜单

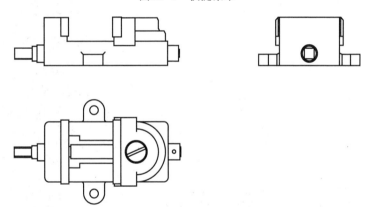

图 20-6　切边不可见视图

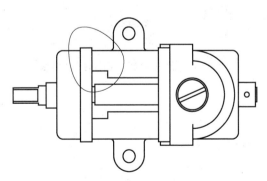

图 20-7　绘制样条曲线

图 20-8　设置自动打剖面线

图 20-9 "断开的剖视图"窗格

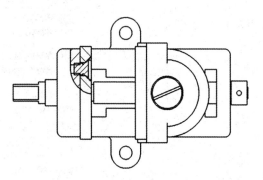

图 20-10 俯视图的局部剖视图

按照上述的步骤创建主视图的局部剖视图，如图 20-11 所示。

步骤 5 插入零件序号。单击"插入"—"注解"—"零件序号"，弹出"零件序号"窗格，如图 20-12 所示。然后单击视图中不同的零件插入序号，单击"确定"按钮，完成零件序号的插入，如图 20-13 所示。

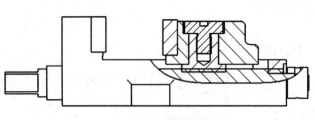

图 20-11 主视图的局部剖视图

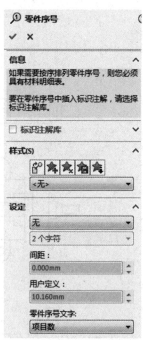

图 20-12 "零件序号"窗格

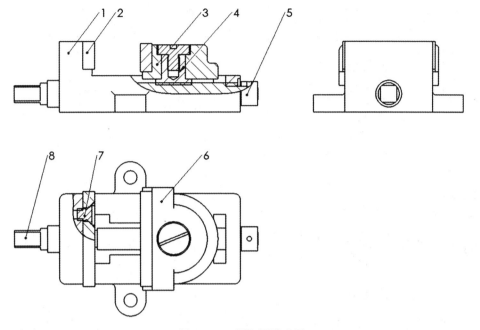

图 20-13　插入零件序号

　　步骤 6　插入明细表。单击"插入"—"表格"—"材料明细表"，如图 20-14 所示。弹出"材料明细表"窗格，如图 20-15 所示。在"材料明细表类型"选项区中选择"仅限零件"单选按钮，在下拉列表框中选择"详细编号"，并在"零件配置分组"选项区中选择"将同一零件的所有配置显示为一个项目"单选按钮。单击"确定"按钮，创建装配体工程图的"材料明细表"，如图 20-16 所示。最后创建的台虎钳装配体工程图，如图 20-1 所示。

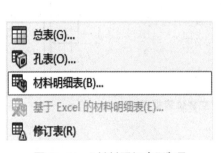

图 20-14　"材料明细表"选项

图 20-15　"材料明细表"窗格

项目号	零件号	说明	数量
1	钳身		1
2	钳口板		1
3	**螺纹滑块**		1
4	开槽沉头螺钉		2
5	螺母		1
6	活动钳口		1
7	开槽圆柱头螺钉		4
8	丝杠		1

图 20-16　材料明细表

20.5　项目拓展

20.5.1　交替位置视图

使用"交替位置视图"可通过幻影线的方式将一个视图叠加到另一个视图之上，主要用于标识装配体的运动范围。

打开一个装配体的工程图，单击"工程图"工具栏的"交替位置视图"按钮，弹出"交替位置视图"窗格，选择"新配置"单选按钮，单击"确定"按钮，将进入工程图的装配模式，在装配模式中移动模型的某个组成部分，完成后回到工程图模式，即可生成交替位置视图，如图 20-17 所示。

图 20-17　生成交替位置视图

🛠 工程师提示

在创建过"交替位置视图"后，其窗格中的"现有配置"单选按钮可用，选中后可将已创建的"交替位置视图"添加到当前视图上(此时不会进入装配模式)。

20.5.2　视图的编辑

在绘图页面中添加视图后，用户可以对视图进行编辑，如调整视图位置、视图数量等。

（1）更新视图。模型被修改后，工程图需要随之更新，否则会输出错误的工程图。可以设置视图为"自动更新"，也可以手动更新视图。

右击左侧模型树顶部的工程图图标，在弹出的快捷菜单中选择"自动更新视图"选项，如图 20-18 所示，可设置工程图根据模型变化自动更新。

图 20-18　选择"自动
更新视图"选项

单击"编辑"—"重建模型"，或单击"标准"工具栏中的"重建模型"按钮，可手工更新视图。

（2）移动视图。可以直接在绘图建模工作区中将光标移至一个视图边界上，按住鼠标左键拖动来移动视图。在移动过程中若系统自动添加了对齐关系，则只能沿着对齐线移动视图，如图 20-19（a）所示。可右击视图再选择"视图对齐"—"解除对齐关系"，如图 20-19（b）所示，解除模型间的对齐约束，此时可随意移动模型，如图 20-19（c）所示。

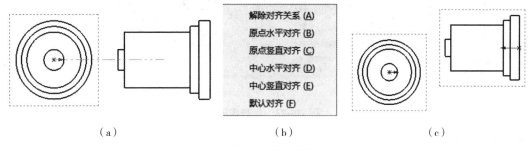

（a）　　　　　　　　　（b）　　　　　　　　（c）

图 20-19　移动视图

（a）添加对齐约束；（b）视图对齐菜单；（c）解除对齐约束

右击左侧模型树顶部的工程图图标，在弹出的快捷菜单中选择"移动"选项，如图

20-20 所示。打开"移动工程图"对话框，如图 20-21 所示，然后输入工程图在 X 方向和 Y 方向上的移动距离，单击"应用"按钮即可整体移动工程图。

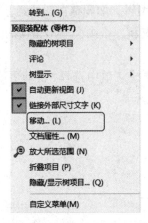

图 20-20　选择"移动"选项　　　　图 20-21　"移动工程图"对话框

（3）对齐视图。可通过单击"工具"—"对齐工程图视图"，再选择相应选项来对齐视图。如选择"中心水平对齐"选项，可将两个视图水平对齐，如图 20-22 所示。

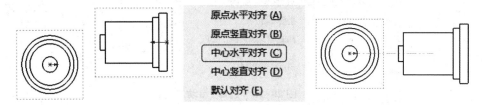

图 20-22　中心水平对齐视图

另外，选择"解除对齐关系"选项可解除设置的对齐关系，选择"默认对齐"选项可恢复视图的默认对齐关系。

（4）旋转视图。单击"视图"工具栏中的"旋转视图"按钮 ⟳（或右击工程图后选择"缩放/平移/旋转"—"旋转视图"），弹出"旋转工程视图"对话框，设置好视图旋转的角度，单击"应用"按钮旋转视图，如图 20-23 所示。

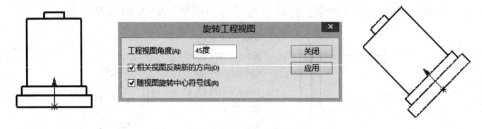

图 20-23　旋转视图

🔧 工程师提示

　　右击视图，然后选择快捷菜单中的"视图对齐"—"默认旋转"，可恢复视图旋转前的状态。

(5)隐藏视图。工程图视图建立后，可以隐藏一个或多个视图，也可以将隐藏的视图显示。右击需要被隐藏的视图，在弹出的快捷菜单中选择"隐藏"选项，则可以隐藏所选视图；右击视图，然后在弹出的快捷菜单中选择"显示"选项，则可恢复视图的显示。

单击菜单栏中的"视图"—"被隐藏视图"，将在图样上以 ▦ 符号来显示被隐藏视图的边界。

20.5.3 尺寸标注

工程图中的尺寸标注是与模型相关联的，修改模型时，工程图的尺寸会自动更新。在视图中，既可以由系统根据已有约束自动地标注尺寸，也可以由用户根据需要手动标注尺寸。

单击"注解"工具栏的"模型项目"按钮 ✎（或单击"插入"—"模型项目"），弹出"模型项目"窗格，如图20-24所示，将"来源"设置为"整个模型"，并选中"为工程图标注"单选按钮，单击"确定"按钮即可自动标注尺寸，如图20-25(a)所示，然后对自动标注的尺寸进行适当修改，如图20-25(b)所示。

单击"注解"工具栏"智能尺寸"下拉列表框中的相应按钮，可以手动为模型标注尺寸，其中"智能尺寸"按钮 ✎ 较常用，可以完成竖直、平行、弧度、直径等尺寸标注(其使用方法可参考前面"草图"模式的尺寸标注)。

图20-24 "模型项目"窗格

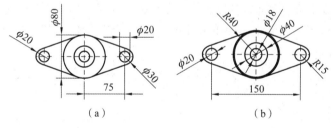

（a） （b）

图20-25 自动标注工程图

(a)修改前；(b)修改后

🔧 工程师提示

通过"模型项目"窗格的其他选项，可以为视图自动添加注解、参考几何体和孔标注等，此处不再详细叙述。

20.5.4 形位公差标注

形位公差包括形状公差和位置公差，机械加工后零件的实际形状或相互位置与理想几何体规定的形状或相互位置不可避免地存在差异，形状上的差异就是形状误差，而相互位置的差异就是位置误差，这类误差会影响机械产品的功能，设计时应规定相应的公差并按规定的符号标注在图样上，即标注所谓的形位公差。

单击"注解"工具栏的"形位公差"按钮，打开"形位公差"对话框，选择公差的引线样式，设置公差值，在视图中需要标注形位公差的位置单击，再拖动光标并单击设置放置位置，即可完成形位公差标注，如图20-26所示。

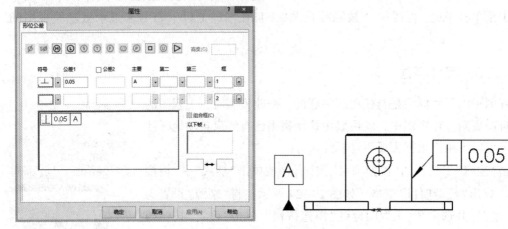

图20-26　形位公差标注

20.5.5　表面粗糙度标注

表面粗糙度度符号是用来表示零件表面粗糙程度的参数代号。模型加工后的实际表面是不平的，不平表面上最大峰值和最小峰值的间距即为模型此处的表面粗糙度，其标注值越小，表明此处要求越高，加工难度越大。

单击"注释"工具栏的"表面粗糙度符号"按钮✔，在弹出的"表面粗糙度"窗格中输入表面粗糙度值，再在要标注的模型表面单击即可标注表面粗糙度，如图20-27所示。

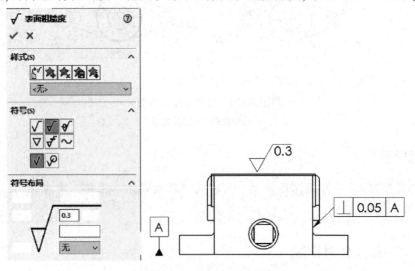

图20-27　表面粗糙度标注

20.5.6　技术要求

单击"注解"工具栏中的"注释"按钮，在绘图建模工作区中单击以放置注释。输入技术要求，如"技术要求 1. 热处理调质，230~250HB。2. 未注倒角 C2，未注圆角 R10。3. 清除毛刺。"(可在 Word 中输入并格式化后，再粘贴)

20.5.7 添加装饰螺纹线

国标规定：外螺纹的牙顶(大径)及螺纹终止线用粗实线表示，牙底(小径)用细实线表示。在垂直于螺纹轴线的投影面的视图中，表示牙底的细实线圆只画约 3/4 圈。而在剖视图上内螺纹的牙底(大径)为细实线，牙顶(小径)及螺纹终止线为粗实线。在垂直于螺纹轴线的投影面的视图中，牙底仍画成约为 3/4 圈的细实线。SolidWorks 用装饰螺纹线来描述螺纹属性，而不必在模型中加入真实的螺纹。装饰螺纹线可以在零件模型中添加，也可以在零件工程图中添加，具体操作如下。

单击"插入"—"注解"—"装饰螺旋线"按钮 🔩 ，再单击螺栓端面线，设定方式为"给定深度"，设定深度值为"20mm"，设定螺纹内径为"7.5mm"，单击"确定"按钮，完成装饰螺纹线的创建，如图 20-28 所示。

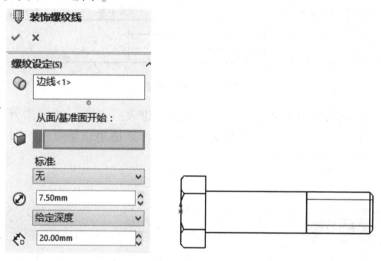

图 20-28 添加装饰螺纹线

20.5.8 插入表格

单击"注释"工具栏的"表格"按钮 ⊞ ，可在弹出的下拉列表框中选择插入各种形式的表格，如可选择插入"总表""孔表"和"材料明细表"等，其中"总表"和"材料明细表"较常使用。

总表可用于创建"标题栏"，其操作与 Word 中的表格操作类似，只需设置"行数"和"列数"，单击"确定"按钮，并在绘图建模工作区适当位置单击即可插入总表。如图 20-29 所示，插入"总表"后可以根据需要对其执行拖动和合并等操作，双击单元格后，可以在其中输入文字。

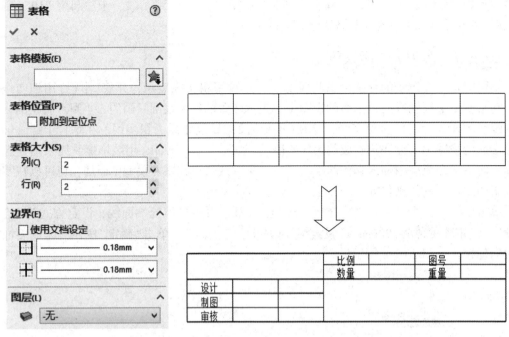

图 20-29　插入总表

　　"材料明细表"按钮可用于创建工程图的配件明细表。选择一视图作为生成材料明细表的指定模型，单击"确定"按钮，并在绘图建模工作区适当位置单击，即可生成材料明细表。

20.6　项目小结

　　尺寸公差、形位公差和表面粗糙度反映了零件的设计信息，因此工程图的标注在工程图中起着重要的作用。用户在进行尺寸公差标注时，可以先对尺寸进行分类，然后分别对同类型的尺寸进行标注。在进行形位公差标注时，首先在框架种类选项组中选择公差框架格式，然后选择形位公差项目符号，并输入公差数值和选择公差的基准。

20.7　训练与提高

　　完成图 20-30 所示零件的三维模型与工程图。

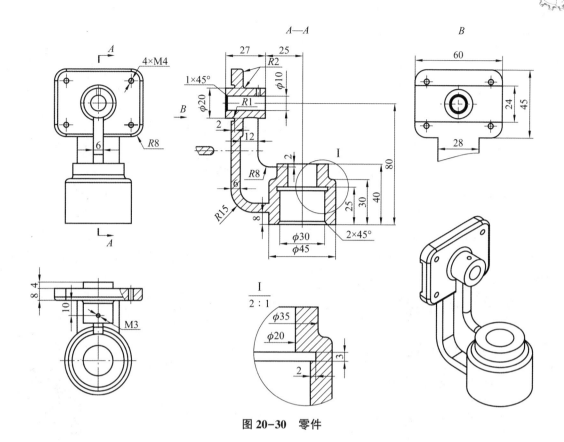

图 20-30　零件

项目 21
滑轮座装配体

21.1　学习目标

21.1.1　知识目标

(1)熟悉并理解各种装配约束类型。
(2)掌握自底向上的装配设计方法。
(3)能进行零部件的干涉检查。

扫一扫观看建模视频

21.1.2　能力目标

(1)具有建立装配体的能力。
(2)具有添加装配部件的能力。
(3)具有使用装配约束工具的能力。

21.1.3　素质目标

(1)培养善于观察、思考的习惯。
(2)培养手动操作的能力。
(3)培养团队协作、共同解决问题的能力。

21.2　项目展示

图 21-1 为滑轮座的三维图及工程图，试在 SolidWorks 中完成其装配。

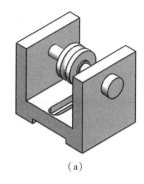

（a）

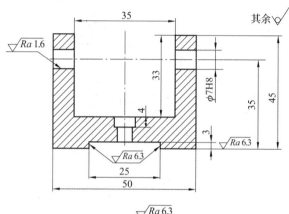

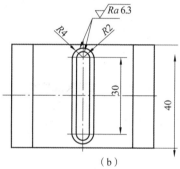

（b）

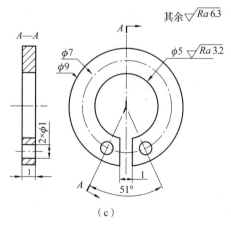

（c）

图 21-1　滑轮座的三维图及工程图

（a）三维图；（b）座体；（c）卡环

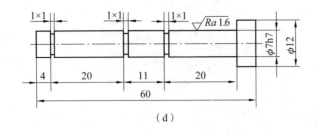

（d）

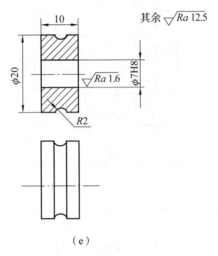

（e）

图21-1 滑轮座的三维图及工程图（续）

（d）轴；（e）滑轮

21.3 项目分析

21.3.1 零件背景

滑轮是一个周边有槽，能够绕轴转动的小轮，用于电缆滑车、起重滑车、放线架、电缆拖车等提升机构上。

通过本项目的学习，我们需要了解装配体的结构特点，思考如何提高装配效率。

21.3.2 结构分析

滑轮座的结构比较简单，装配时，可以从底到上依次把每个零件装配好。创建该零件的装配体需要用"同轴""对齐"等几种约束方式来确定各组件在装配体中的相对位置。

21.4 项目实施

步骤1 创建各个零件的立体图，分别以座体、轴、卡环、滑轮命名。此处省略。

步骤2 新建装配体。单击"新建"按钮 🗋，在"新建 SOLIDWORKS 文件"对话框中选择"装配体"模板，单击"确定"按钮。

步骤3 插入"座体"零件。单击"浏览"按钮，如图21-2所示，找到"座体"零件立体，在绘图建模工作区单击，把座体插入装配环境，如图21-3所示。

注意，此时装配体特征树如图21-4所示。其中，座体前显示"（固定）"，表示在此装配体该零件是固定不动的，以方便以后的运动分析等操作；后面显示"<1>"，表示该装配体中该零件的个数。若需要修改零件在装配体中的"固定"属性，则可以右击图21-4处，从弹出的快捷菜单中选择"浮动"选项，让该零件不固定。另外，根据实际情况，一个装配体中一般要有一个固定的零件。对于非固定零件，前面会显示"（-）"或者"（+）"，其中"（-）"表示该零件非全约束，"（+）"表示该零件全约束。

图21-2 浏览零件

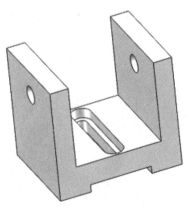

🔩（固定）座体<1>（默认<<默认>_显示状态1>）

图21-3 插入"座体"零件　　**图21-4 "座体"装配体特征树**

步骤 4 插入"轴"零件，并添加配合。单击"插入零部件"按钮🔧，再单击"浏览"按钮，找到"轴"零件，在绘图建模工作区单击，把轴插入装配环境，如图 21-5 所示。单击"配合"按钮🔩，分别选择轴的外圆柱面和座体孔的内圆柱面，从弹出的如图 21-6 所示的快捷菜单中选择"同轴心配合"选项◎（系统已经默认选择该配合），单击最后面的"确定"按钮，完成该配合，如图 21-7 所示。

再次分别选中轴的右大直径端左端面和座体孔的右端面，从弹出的如图 21-8 所示的快捷菜单中选择"重合配合"选项🗙（系统已经默认选择该配合），单击"确定"按钮☑，完成该配合，如图 21-9 所示。单击"配合"窗格中的"确定"按钮，完成"轴"零件的配合设置。

步骤 5 插入"滑轮"零件，并添加配合。单击"插入零部件"按钮，再单击"浏览"按钮，找到"滑轮"零件，在建模区单击，把滑轮插入装配环境，如图 21-10 所示。

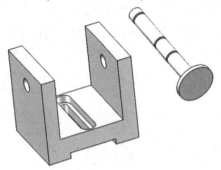

图 21-5　插入"轴"零件

图 21-6　选择"同轴心配合"选项

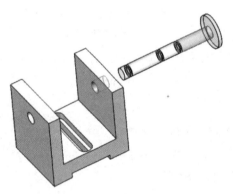

图 21-7　完成轴和座体孔的同轴心配合

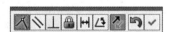

图 21-8　选择"重合配合"选项

图 21-9　完成轴和座体孔的重合配合

图 21-10　插入"滑轮"零件

　　单击"配合"按钮，分别选中轴的外圆柱面和滑轮孔的内圆柱面，从弹出的快捷菜单选择"同轴心配合"选项，单击"确定"按钮☑，完成该配合，如图21-11所示。再次分别选中轴的中部右边的左端面和滑轮孔的右端面，选择"重合配合"选项⚟（系统已经默认选择该配合），单击"确定"按钮☑，完成该配合，如图21-12所示。单击"配合"窗格中的"确定"按钮，完成"轴"零件的配合设置。

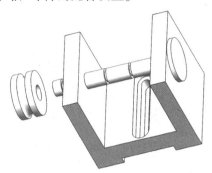

图21-11　完成轴和滑轮孔的同轴心配合　　　图21-12　完成轴和滑轮孔的重合配合

　　步骤6　插入"卡环"零件，另外复制两个，并分别添加配合。单击"插入零部件"按钮🖧，再单击"浏览"按钮，找到"卡环"零件，在绘图建模工作区单击，把卡环插入装配环境，如图21-13所示。对卡环添加同轴心配合和重合配合，如图21-14所示。

　　按住〈Ctrl〉键，单击卡环并按住鼠标左键，拉动卡环零件到另外的地方松开左键，生成第二个卡环，用同样方法生成第三个卡环，如图21-15所示。对另外两个卡环添加同轴心配合和重合配合，结果如图21-16所示。

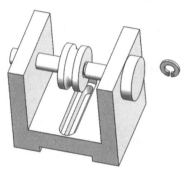
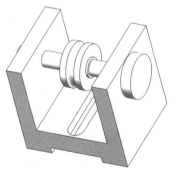

图21-13　插入"卡环"零件　　　　图21-14　完成卡环的同轴心、重合配合

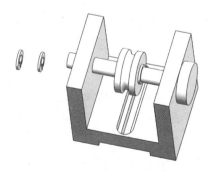

图21-15　生成另外两个卡环　　　图21-16　完成另外两个卡环同轴心、重合配合

在装配体积比较小的零件时，添加了一个配合后，零件可能进入体积比较大的零件内部，不方便观察。此时，可以把体积大的零件显示改为透明，甚至隐藏。单击图21-17中对应按钮即可。图21-18是图21-16装配体中把"座体"更改为"隐藏"的效果，图21-19是图21-16装配体中把"座体"更改为"透明"的效果。

图21-17　右键菜单

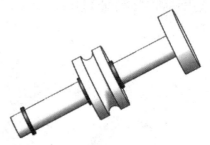

图21-18　"座体"为"隐藏"的效果

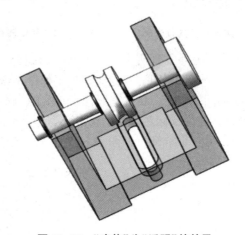

图21-19　"座体"为"透明"的效果

🔧 工程师提示

装配文件要和零部件文件保存到相同的文件夹中。

21.5　项目拓展

21.5.1　装配技术概述

SolidWorks软件有零件、装配体、工程图三个主要模块，和其他三维CAD一样，都是利用三维的设计方法建立三维模型。在研制开发新产品的过程中，需要经历三个阶段，即方案设计阶段、详细设计阶段、工程设计阶段。

根据产品研制开发的三个阶段，SolidWorks软件提供了两种建模技术，一种是基于设计过程的建模技术，就是自顶向下建模；另一种是根据实际应用情况的建模技术，一般三维

CAD 开始于详细设计阶段，就是自底向上建模。

21.5.2 自顶向下建模

自顶向下建模是符合一般设计思路的建模技术，在网络技术日益发展的今天，使用这种方式建模逐渐趋于成熟。它是一种在装配环境下进行零件设计，可以利用"转换实体引用"工具，将已经生成的零件的边、环、面、外部草图曲线、外部草图轮廓、一组边线或者一组外部草图曲线等投影到草图基准面中，在草图上生成一个或者多个实体的方法。这样可以避免单独进行零件设计可能造成的尺寸等各方面的冲突。

自顶向下建模方式分为以下两种。

(1) 比较彻底的自顶向下的建模方式，首先在装配环境下绘制一个描述各个零件轮廓和位置关系的装配草图，然后在这个装配环境下进入零件编辑状态，绘制草图轮廓，草图轮廓要同装配草图尺寸一致，利用"转换实体引用"工具操作，这样零件草图同装配草图形成父子关系，改变装配草图，就会改变零件的尺寸。在装配环境下，其过程如下：

(2) 比较实用的自顶向下的建模方式，首先选择一些在装配体中关联关系少的零件，建立零件草图，生成零件模型，然后在装配环境下，插入这些零件，并设置它们之间的装配关系，参照这些已有的零件尺寸，生成新的零件模型，完成装配体，这样也可以避免零件间的冲突。在装配环境下，其过程如下：

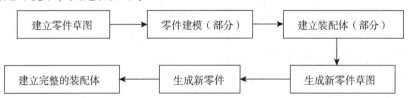

21.5.3 自底向上建模

自顶向下建模虽然符合一般设计思路，但是在目前环境下，实现这种建模方式还不很理想。其方案设计阶段主要是由工程技术人员根据经验来进行设计的，目前的三维 CAD 软件一般是在详细设计阶段介入的，SolidWorks 常用于以零件为基础进行建模，这就是自底向上建模技术，也就是先建立零件，再装配。SolidWorks 的参数化功能，可以根据情况随时改变零件的尺寸，而且其零件、装配体和工程图之间是相互关联的，可以在其中任何一个模块进行尺寸的修改，所有模块的尺寸都随之改变，这样可以大大地减少设计人员的工作量。在建立零件模型后，可以在装配环境下直接装配，生成装配体；然后单击"干涉检查"按钮，进行检查，若有干涉，可以直接在装配环境下编辑零件，完成设计。

自底向上建模方式的过程如下：

因为自顶向下的设计方法需要更多的知识和设计经验，适合工作经验丰富的设计师，而

自底向上的设计方法适合初学者，所以本教程的讲解都是采用自底向上的设计方法。

21.5.4 装配体中的配合

当 SolidWorks 装配体中插入两个或者两个以上零部件时，就可以采用配合约束零部件的自由度，使零部件处于一定的配合状态。零部件可能的配合状态有"未完全定义""过定义""完全定义"或"没有解"。在任何情况下，零部件的配合状态都不能是"过定义"。

每个零件在自由空间中都具有 6 个自由度：3 个平移自由度和 3 个旋转自由度，装配过程中通过平面约束、直线约束和点约束等方式对零部件自由度进行限制。

SolidWorks 中的配合有"标准配合""高级配合"和"机械配合"三种，分别如图 21-20 所示，可以根据需要选用对应配合。

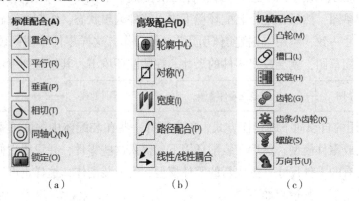

图 21-20 三种配合类型

(a)标准配合；(b)高级配合；(c)机械配合

SolidWorks 中提供的标准配合方式如下。

重合：将所选择的面、边线及基准面(它们之间相互组合或与单一顶点组合)定位以使之共享同一无限长的直线。

平行：定位所选的项目使之保持相同的方向，并且彼此间保持相同的距离。

垂直：将所选项目以 90°相互垂直定位。

相切：将所选的项目放置到相切配合中(至少有一选择项目必须为圆柱面、圆锥面或球面)。

同轴心：将所选的项目定位于共享同一中心点。

距离：将所选的项目以彼此间指定的距离定位。

角度：将所选项目以彼此间指定的角度定位。

建立零部件间配合的方法：单击"配合"按钮，选择两个零部件的某两个要素，确定可能的配合类型，输入必要的参数就可以建立零部件间的配合，从而约束它们之间的运动方式。

同时，在特征管理器设计树中展开"配合"项目，分别单击不同的配合关系，可以在图形区显示配合的参数，右击配合关系，执行"编辑特征"命令，可以在窗格中更改配合关系或修改配合关系的参数。

SolidWorks 中提供的高级配合方式如下。

对称：将两个相似实体相对于基准面或零部件表面强制对称约束，配合的实体可以是点、线或面，也可以是半径相等的圆柱面或球面。

宽度：将某个零件置于任意两个平面的中心，其中，配合的参照可以是零件的两个面、一个圆柱面或一根轴线。

路径配合：将零部件上指定的点约束到指定路径上，路径可以是装配体上连续的曲线、边线或草图实体，用户可以设定零部件在沿路径移动的同时进行纵摆、偏转和摇摆等。

线性/线性耦合：在一个零部件的平移和另一个零部件的平移之间建立比例关系，即当一个零部件平移时，另一个零部件也会成比例地平移。

工程师提示

当在装配体中建立配合关系后，配合关系会在特征管理器设计树中以图标 表示。

21.5.5　移动零部件

对于装配体中没有完全定义或固定的零部件，可以使用移动和旋转零部件的命令在装配体中移动和旋转零部件。这样可以移动零部件到一个更好的位置上，以便于建立配合关系。

单击"装配体"工具栏上的"移动零部件"按钮 ，弹出"移动零部件"窗格，如图 21-21 所示。选中零部件就可以移动零部件到需要的位置，具体有以下几种方法。

（1）自由拖动：零部件可以沿任何方向移动。

（2）沿装配体 XYZ：选择零部件并沿装配体的 X、Y 或 Z 轴方向拖动。图形区域中显示坐标系以帮助确定方向。

图 21-21　"移动零部件"窗格

（3）沿实体：零部件沿被选择的实体拖动，如果选择的实体是一条直线、边线或轴线，那么所移动的零部件只有 1 个自由度；如果选择的实体是一个基准面或平面，那么所移动的零部件具有 2 个自由度。

（4）由 Delta XYZ：在窗格中输入 X、Y 或 Z 值，然后单击"应用"按钮，被选择的零部件将按照指定的数值移动。

（5）到 XYZ 位置：先在图形区域中选择零部件的一点，再在窗格中输入 X、Y 或 Z 值，然后单击"应用"按钮，被选择的零部件的点将移动到指定的坐标位置。若选择的项目不是顶点或点，则零部件的原点会被置于所指定的位置处。

21.5.6　旋转零部件

单击"装配体"工具栏上的"旋转零部件"按钮 ，弹出"旋转零部件"窗格，如图 21-22 所示。选中零部件就可以旋转零部件到需要的位置。具体有以下几种方法。

（1）自由拖动：零部件可以绕零件的重心自由旋转。

（2）对于实体：零部件可以绕所选择的实体（直线、边线或轴）旋转。

（3）由 Delta XYZ：在窗格中输入 X、Y 或 Z 值，然后单击"应用"按钮，被选择的零部件将按照指定的角度值绕装配体的轴旋转。

图 21-22　"旋转零部件"窗格

21.5.7　装配体剖视图

隐藏零部件、更改透明度等方法是观察装配体模型的常用手段，但许多产品中零部件之间的空间关系非常复杂，具有多重嵌套关系，需要进行剖切才能观察其内部结构，而借助 SolidWorks 中的装配体特征可以完成轴测剖视图的功能。

装配体特征是在装配体环境下生成的特征实体，虽然装配体特征改变了装配体的形态，但对零件并不产生影响。装配体特征主要包括切除和孔，适用于展示装配体的剖视图。

在装配体窗口中，单击菜单栏中的"装配体特征"按钮，其下拉菜单中有三种切除方式，如图 21-23 所示。

这三种切除方式的窗格与特征建模中的拉伸切除、旋转切除、扫描切除基本相同，唯一不同的是窗格下多一个"特征范围"选项区，如图 21-24 所示。

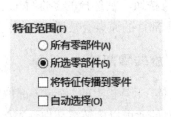

图 21-23　"装配体特征"下拉菜单　　　图 21-24　"特征范围"选项区

"特征范围"选项区控制切除应用到的零部件，其中各选项的含义如下。

所有零部件：每次特征重新生成时，都将特征应用到模型中的所有实体上。若将与特征交叉的新零部件添加到模型上，则将重新生成这些新零部件，以将该特征包括在内。

所选零部件：应用特征到选择的零部件。

将特征传播到零件：将装配体中的切除特征应用到零部件文件上。

自动选择：当首先以多实体零件生成模型时，特征将自动处理所有相关的交叉零件。"自动选择"选项比"所有零部件"选项快，因为它只处理初始清单中的实体，并不会重新生成整个模型。

影响到的零部件(在取消勾选"自动选择"复选框时可用)：在图形区域中选择受影响的实体。

以图21-25(a)所示的控制气缸为例介绍装配体的旋转切除。在装配体窗口中，单击菜单栏中的"装配体特征"—"旋转切除"，在绘图建模工作区绘制旋转中心线和草图，系统弹出如图21-25(b)所示窗格，设置旋转切除角度，单击"确定"按钮得到装配体的旋转切除视图，如图21-25(c)所示。

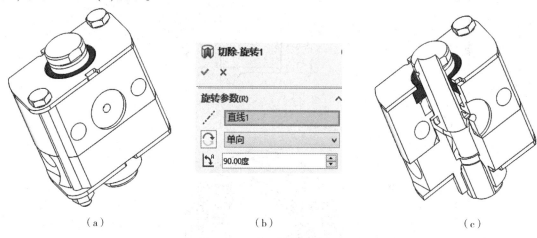

（a）　　　　　　　　　　（b）　　　　　　　　　　（c）

图21-25　装配体的旋转切除

（a）控制气缸；（b）设置旋转切除角度；（c）切除后视图

21.6　项目小结

完成了产品模型各零部件的设计后，可将这些零部件按照设计要求装配到一起，以检验其实现的功能和各零部件之间的匹配情况。通过以上案例可以看出，在SolidWorks中装配产品时，常用的方法是根据事先制订的技术要求，将各组件依次添加到装配体中，并通过约束或其他方式来确定各组件的位置关系。

此外，对于装配好的模型，用户还可以为其创建爆炸视图，以查看产品模型的内部结构，了解装配关系。关于这方面的知识将在后面项目中讲解。

21.7　训练与提高

根据图 21-26 完成轴承装配体的建立。

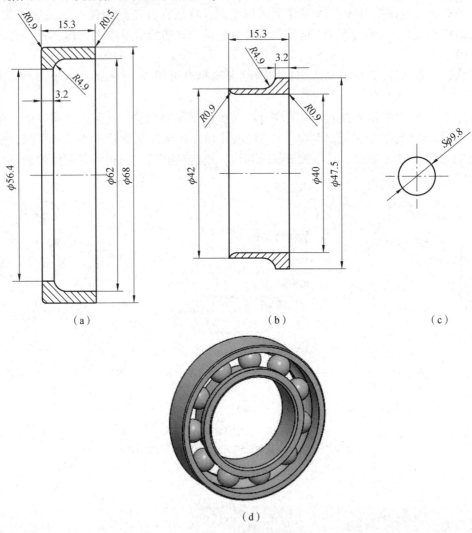

（a）　　　　　　　　　（b）　　　　　　　　（c）

（d）

图 21-26　轴承装配体

（a）外环；（b）内环；（c）滚珠；（d）装配体

项目 22
台虎钳装配体

22.1　学习目标

22.1.1　知识目标

(1)进一步掌握定位装配部件的方法。
(2)进一步掌握各装配约束的使用方法。
(3)掌握创建爆炸图的方法。
(4)掌握编辑爆炸图的方法。

扫一扫观看建模视频

22.1.2　能力目标

(1)具有建立装配体的能力。
(2)具有添加装配部件的能力。
(3)具有使用装配约束工具的能力。

22.1.3　素质目标

(1)培养善于观察、思考的习惯。
(2)培养手动操作的能力。
(3)培养团队协作、共同解决问题的能力。

22.2　项目展示

图 22-1 为台虎钳的三维图，试在 SolidWorks 中完成其装配。

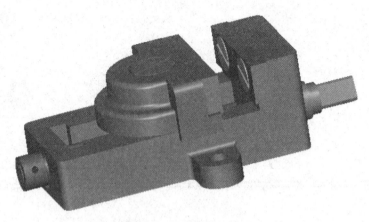

图 22-1　台虎钳的三维图

22.3　项目分析

22.3.1　零件背景

台虎钳又名机用虎钳，是一种通用夹具，常用于安装小型工件。它是铣床、钻床的随机附件，将其固定在机床工作台上，用来夹持工件进行切削加工。

台虎钳的工作原理：用扳手转动丝杠，通过丝杠、螺母带动活动钳身移动，形成对工件的夹紧与松开。被夹工件的尺寸不得超过 70 mm。

22.3.2　结构分析

台虎钳的结构相对比较复杂，装配时可按下列步骤进行：

(1)将底座和钳口板用螺钉装配在一起，作为"固定钳身"子装配体；

(2)将动掌和钳口板用螺钉装配在一起，作为"活动钳身"子装配体；

(3)在"固定钳身"子装配体的基础上，装配"活动钳身"子装配体、滑块、丝杠、螺母等其他部件。

22.4　项目实施

步骤 1　新建装配体。单击"新建"按钮，在"新建 SOLIDWORKS 文件"对话框中选择"装配体"模板，单击"确定"按钮。

步骤 2　插入"活动钳口"零件。单击"浏览"按钮，如图 22-2 所示，找到"活动钳口"零件，在绘图建模工作区单击，把活动钳口插入装配环境，如图 22-3 所示。

步骤 3　插入"钳口板"零件，并添加配合。单击"插入零部件"按钮，再单击"浏览"按钮，找到"钳口板"零件，在绘图建模工作区单击，把钳口板插入装配环境，如图 22-4 所示。单击"配合"按钮，分别选择钳口板的内圆柱面和活动钳口孔的内圆柱面，从弹出的快捷菜单中选择"同轴心配合" 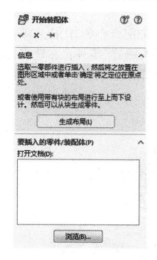 选项(系统已经默认选择该配合),单击"确定"按钮,完成钳口板和活动钳口的同轴心配合,如图22-5所示。

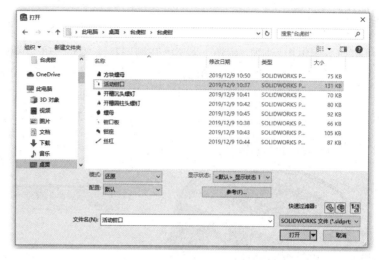

图 22-2　浏览零件

其次,分别选择钳口板的另一个内圆柱面和活动钳口孔的内圆柱面,从弹出的快捷菜单中选中"同轴心配合"选项 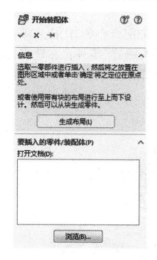,单击"确定"按钮,完成这两个面的同轴心配合,如图22-6所示。

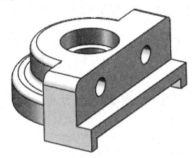

图 22-3　插入"活动钳口"零件

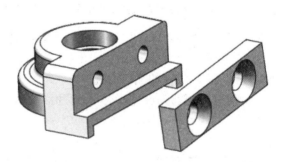

图 22-4　插入"钳口板"零件

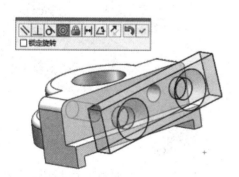

图 22-5　完成钳口板和活动钳口
的同轴心配合

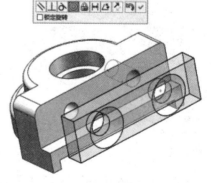

图 22-6　完成钳口板另一个内圆柱面和
活动钳口的同轴心配合

再次分别选中钳口板的左端面和活动钳口的右端面，选择"重合配合"选项，单击"确定"按钮，完成该配合，如图 22-7 所示。单击"配合"窗格中的"确定"按钮，完成"钳口板"零件的配合设置。

步骤 4 插入"开槽圆柱头螺钉"和"开槽沉头螺钉"零件，并添加配合。单击"插入零部件"按钮，再单击"浏览"按钮，找到"开槽圆柱头螺钉"和"开槽沉头螺钉"零件，在建模区单击，把零件插入装配环境。单击"配合"按钮，分别选择活动钳口的内圆柱面和开槽圆柱头螺钉的外圆柱面，从弹出的快捷菜单中选择"同轴心配合"选项，单击"确定"按钮，完成活动钳口和开槽圆柱头螺钉的同轴心配合，如图 22-8 所示。

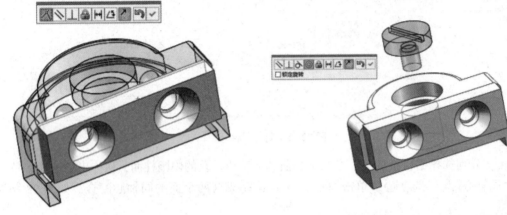

图 22-7　完成钳口板和活动钳口的重合配合　　图 22-8　完成活动钳口和开槽圆柱头螺钉的同轴心配合

再次分别选中活动钳口的上端面和开槽圆柱头螺钉的上端面，选择"重合配合"选项，单击"确定"按钮，完成该配合，如图 22-9 所示。单击"配合"窗格中的"确定"按钮，完成"开槽圆柱头螺钉"零件的配合设置。

按照上面的步骤完成开槽沉头螺钉和活动钳口的同轴心配合(图 22-10)及重合配合(图 22-11)。

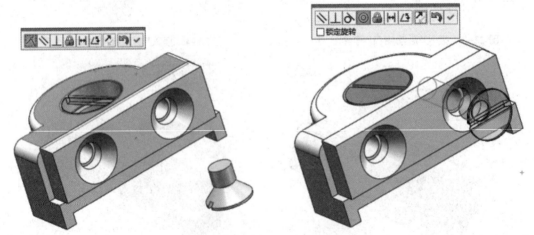

图 22-9　完成活动钳口和开槽圆柱头螺钉的重合配合　　图 22-10　完成开槽沉头螺钉和活动钳口的同轴心配合

单击工具栏中的"线性零部件阵列"按钮，弹出如图 22-12 所示的"线性阵列"窗格，在"方向 1"选项区中选择钳口板的长边作为阵列的参考方向，设置"间距"为"40.0mm"，

"实例数"为"2"，在"要阵列的零部件"中选择"开槽沉头螺钉"零件，单击"确定"按钮，完成开槽沉头螺钉的线性阵列，如图 22-13 所示。

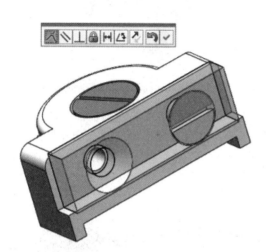

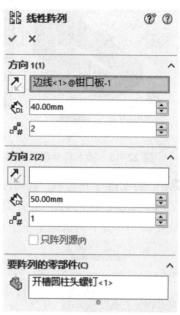

图 22-11　完成开槽沉头螺钉和活动钳口的重合配合　　图 22-12　"线性阵列"窗格

步骤 5　插入"钳座"零件。单击"浏览"按钮，找到"钳座"零件，在绘图建模工作区单击，把钳座插入装配环境，如图 22-14 所示。

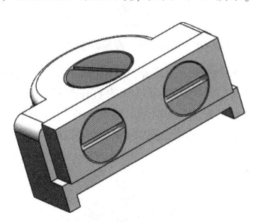

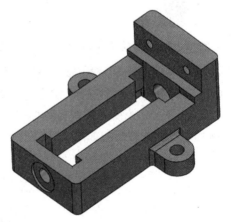

图 22-13　完成开槽沉头螺钉的线性阵列　　　图 22-14　插入"钳座"零件

步骤 6　插入其余装配零件。同理，使用"装配体"工具栏中的"插入零部件"工具，执行相同操作依次将丝杠、钳口板、螺母、方块螺母和开槽沉头螺钉等零部件插入装配环境，如图 22-15 所示。

步骤 7　装配丝杠到钳座。分别选择钳座内圆柱面和丝杠的外圆柱面，从弹出的快捷菜单中选择"同轴心配合"选项◎，单击"确定"按钮，完成丝杠和钳座的同轴心配合，如图 22-16 所示。然后选择丝杠圆形台阶面和钳座孔台阶面，从弹出的快捷菜单中选择"重合配合"选项人，单击"确定"按钮，完成丝杠和钳座的重合配合，如图 22-17 所示。

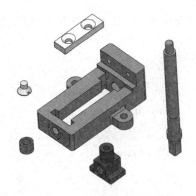

图 22-15　插入其余装配零件

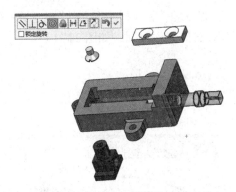

图 22-16　完成丝杠和钳座的同轴心配合

步骤 8　装配螺母到丝杠。分别选择螺母内圆柱面和丝杠的外圆柱面，从弹出的如图22-18所示的快捷菜单中选择"重合配合"选项⼈；然后选择螺母的圆孔和丝杠的圆孔，从弹出的如图22-19所示的快捷菜单中选择"同轴心配合"选项◎，完成相应配合。

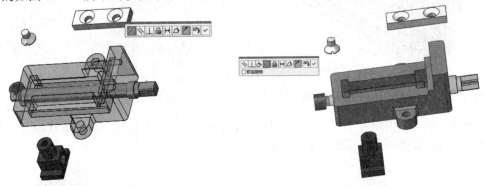

图 22-17　完成丝杠和钳座的重合配合　　　　图 22-18　完成丝杠和螺母的重合配合

步骤 9　装配钳口板到钳座。分别选择钳口板的右端面与钳座的左端面，从弹出的如图22-20所示的快捷菜单中选择"重合配合"选项⼈；再次选择钳口板的右孔与钳座的右孔，从弹出的如图22-21所示的快捷菜单中选择"同轴心配合"选项◎；最后选择钳口板的左孔与钳座的左孔，从弹出的如图22-22所示的快捷菜单中选择"同轴心配合"选项◎，完成相应配合。

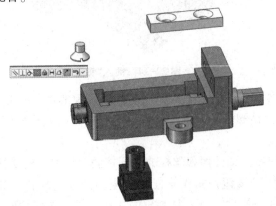

图 22-19　完成丝杠和螺母的同轴心配合

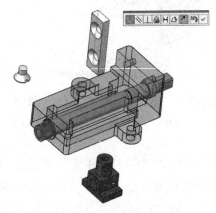

图 22-20　完成钳口板和钳座的重合配合

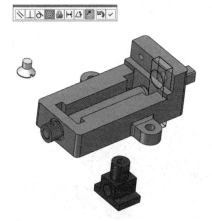

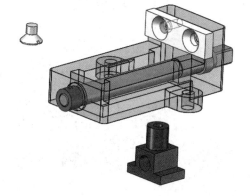

图 22-21 完成钳口板和钳座右孔的同轴心配合 **图 22-22 完成钳口板和钳座左孔的同轴心配合**

步骤 10 装配开槽沉头螺钉到钳口板。按照步骤 4 的方法，通过"同轴心配合"和"重合配合"将开槽沉头螺钉装配到钳口板，如图 22-23 所示。再使用"线性零部件阵列"命令，完成另一个开槽沉头螺钉的装配，如图 22-24 所示。

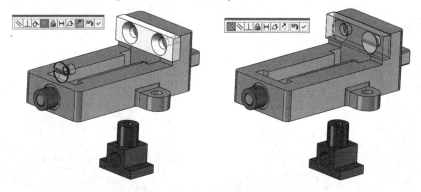

图 22-23 装配开槽沉头螺钉到钳口板

步骤 11 装配方块螺母到丝杠。分别选择钳口板的左端面与方块螺母的右端面，从弹出的如图 22-25 所示的快捷菜单中选择"距离配合"选项，输入两个面之间的距离为"70mm"；再次选择方块螺母的内圆柱面与丝杠的外圆柱面，从弹出的如图 22-26 所示的快捷菜单中选择"同轴心配合"选项◎，完成相应配合。

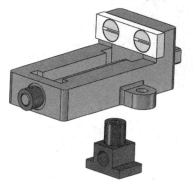

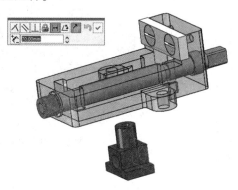

图 22-24 线性阵列开槽沉头螺钉 **图 22-25 完成钳口板和方块螺母的距离配合**

步骤 12　装配活动钳身子装配体。单击"浏览"按钮，找到"活动钳身"子装配体，在建模区单击，把活动钳身子装配体插入装配环境，如图 22-27 所示。

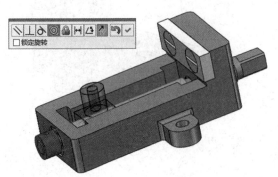
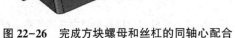

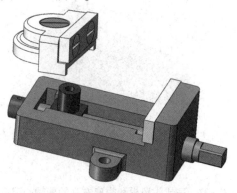

图 22-26　完成方块螺母和丝杠的同轴心配合　　　图 22-27　装配活动钳身子装配体

分别选择钳座的上端面与活动钳身的下端面，从弹出的如图 22-28 所示的快捷菜单中选择"重合配合"选项，再次选择方块螺母的内圆柱面与活动钳身的内圆柱面，从弹出的如图 22-29 所示的快捷菜单中选择"同轴心配合"选项，单击"确定"按钮，完成台虎钳的装配，如图 22-30 所示。

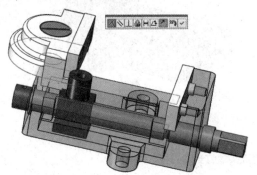

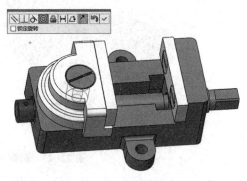

图 22-28　完成钳座和活动钳身的重合配合　　图 22-29　完成方块螺母和活动钳身的同轴心配合

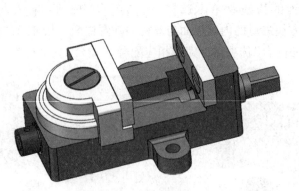

图 22-30　完成台虎钳的装配

22.5　项目拓展

22.5.1　零部件的复制

与其他 Windows 软件相同，SolidWorks 可以复制已经在装配体文件中存在的零部件。按住〈Ctrl〉键，在特征管理器设计树中，选择需复制零部件的文件名，按住鼠标左键并拖动零件至绘图建模工作区中需要的位置后，松开左键，即可实现零部件的复制。此时，可以看到在特征管理器设计树中添加了一个相同的零部件，在零件名后存在一个引用次数的注释，如图 22-31 所示。

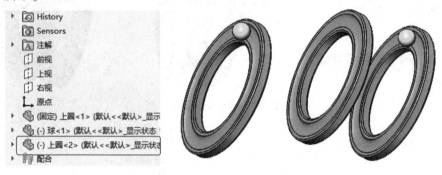

图 22-31　零部件的复制

当零部件所在的位置不便于装配操作时，可以移动零部件的位置，也可以在不与已有的配合冲突的情况下，重新定位零部件。

22.5.2　零部件的阵列

使用"装配体"工具栏中的阵列工具可以进行阵列装配。单击"线性零部件阵列"底部的下拉按钮，可以发现有多种可以使用的阵列装配方法，其操作与前面讲述的阵列特征基本相同，这里只简单说明一下其作用。

"线性零部件阵列"按钮 ：单击此按钮后可以生成一个或两个方向的零部件阵列，如图 22-32 所示，此时可以设置在哪个方向或哪两个方向上进行零部件阵列操作，并可设置阵列的间距和个数。

图 22-32　零部件的线性阵列

"圆周零部件阵列"按钮 ：单击此按钮后可以对某个零部件进行圆周阵列操作，如图

22-33 所示，通过选择阵列轴和阵列零部件，并设置旋转的角度和阵列零部件的个数，即可执行此阵列操作。

"特征驱动零部件阵列"按钮 🖳：以零部件原有的阵列特征为驱动创建零部件阵列，单击此按钮后可弹出如图 22-34 所示"阵列驱动"窗格，即令零部件沿零件建模时所在的阵列特征进行阵列，从而实现快速装配，如图 22-35 所示(使用此方式创建的零部件阵列与所依赖的特征阵列相关联)。

图 22-33　零部件的圆周阵列

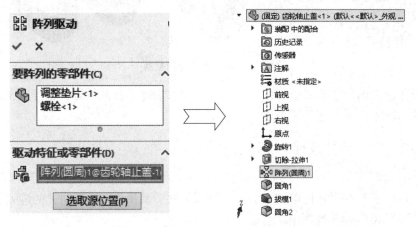

图 22-34　"阵列驱动"窗格

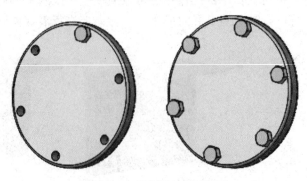

图 22-35　零部件的阵列驱动

22.5.3　装配体爆炸视图

装配体的爆炸视图是将组成装配体的零部件分解开，并按照一定的位置关系进行排列，它是一种特殊的视图。

虽然在爆炸视图下零件之间是分解开的，但并不影响装配体中的其他任何信息，如配合关系、配置等。使用爆炸视图可以方便用户理解和查看设计的产品，还可以将爆炸视图生成爆炸动画，以观察产品的装配(或拆卸)过程。

在完成零部件的装配后，即可进行爆炸视图的创建。单击"装配体"工具栏中的"爆炸视图"按钮，弹出"爆炸"窗格，如图 22-36 所示。选中要爆炸的零件，该零件上会显示坐标系统状的操作杆，如图 22-37(a)所示。选中操作杆的某根轴，按住鼠标左键并拖动以拉动零件位置，如图 22-37(b)所示。在恰当的地方松开左键，便可以生成一步爆炸。重复上一步，生成多个零件的多个爆炸步骤。单击"爆炸"窗格中的"确定"按钮，结束爆炸视图的生成，如图 22-37(c)所示。

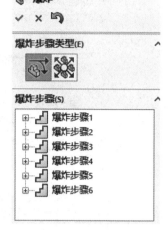

图 22-36　"爆炸"窗格

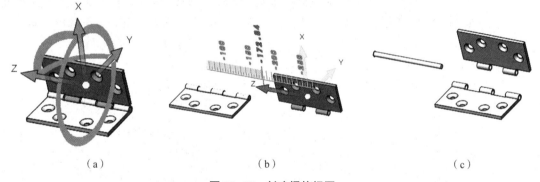

(a)　　　　　　　　　　(b)　　　　　　　　　　(c)

图 22-37　创建爆炸视图
(a)选中要爆炸的零件；(b)拖动要爆炸的零件；(c)完成爆炸

双击"爆炸视图"按钮，可以快速解除爆炸。

"爆炸"窗格还具有"设定"和"选项"两个卷展栏，其中"设定"卷展栏主要用于显示当前选中的零部件，以及当前零部件的移动距离，如图 22-38 所示。当同时选择多个零部件，并单击此卷展栏中的"应用"按钮时，将按固定间距在一个方向上顺序排列各个零部件，从而自动生成爆炸视图。

"选项"卷展栏用于在自动生成爆炸视图时，通过拖动此卷展栏中的滑块调整各零部件间的间距，如图 22-39 所示。当勾选"选择子装配体零件"复选框时，将可以移动子装配体中的零部件，否则整个子装配体将被当作一个整体对待；单击"重新使用子装配体爆炸"按钮，将使用在子装配体中创建的爆炸视图。

🔧 工程师提示

在生成爆炸视图时，建议将每一个零部件在每一个方向上的爆炸设置为一个爆炸步骤。如果一个零部件需要在三个方向上爆炸，建议使用三个爆炸步骤，以方便修改爆炸视图。

图 22-38 "设定"卷展栏

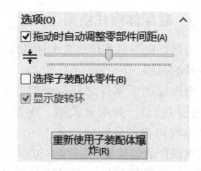

图 22-39 "选项"卷展栏

22.5.4 干涉检查及间隙验证

装配体建立好后，可以使用装配体进行必要的分析和研究。

通过对装配体进行必要的分析，看该装配是否符合设计需求。干涉检查是检查零部件之间是否存在边界冲突、干涉发生在何处的一种直观检查。单击"评估"命令管理器，其显示如图 22-40 所示。

单击"干涉检查"按钮，选中装配体，再单击"计算"按钮，其结果中会显示干涉处及其干涉体积，如图 22-41 所示。如果有干涉，设计人员需要查明原因，看是否符合设计要求。

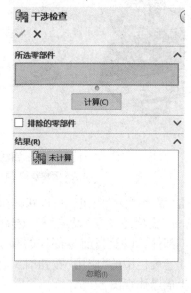

图 22-40 "评估"命令管理器

图 22-41 干涉检查及其结果

🔧 工程师提示

若在特征管理器设计树中选择了顶层装配体，则会对该装配体中所有的零部件进行干涉检查。

间隙验证操作用于检查装配体中所选零部件之间的间隙是否符合规定（在某些场合零部件需要保持一定的安全距离），并报告不满足指定的"可接受的最小间隙"的间隙（小于此间隙）。

单击"装配"工具栏中的"间隙验证"按钮 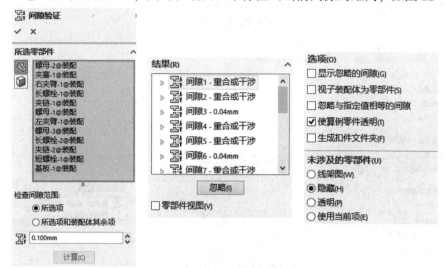，选择两个零部件或选择两个面，设置"可接受的最小间隙"，单击"计算"按钮，即可查看系统是否存在小于此间隙的间隙，如存在，将在"结果"卷展栏中列表显示，同时在绘图区中标注出当前间隙的距离，如图22-42所示。

图 22-42　间隙验证及其结果

22.5.5　配合诊断

1）装配体配合错误类型

在特征管理器设计树中单击"配合"前面的加号按钮，展开"配合"目录，若显示以下图标，则说明装配体中有错误或警告。

：表示模型有错，该图标出现在特征管理器设计树顶层的文件名称及包含错误的零部件上。当它显示在"配合"目录上时，表示一个或多个配合未被满足。

：表示模型警告，该图标出现在特征管理器设计树顶层的文件名称及包含发出警告特征的零部件上。当它显示在"配合"目录上时，表示所有配合已被满足，但有一个或多个过定义。

：表示对未满足配合的装配体在"配合"目录旁边高亮显示一个红色标记。

2）诊断配合问题

（1）当出现上述配合问题的图标时，右击装配体、配合组或配合组中的任何配合，在弹出的快捷菜单中执行"MateXpert（配合专家）"命令，弹出"MateXpert"窗格，如图22-43所示。

（2）在窗格的"分析问题"列表框中单击"诊断"按钮，在"没满足的配合"列表框中显示出有问题的子集。

（3）在"没满足的配合"列表框中，单击一个配合，未解出配合的实体在图形区高亮显示，提示配合失败。

（4）在"没满足的配合"列表框中右击一个配合，在弹出的快捷菜单中执行"压缩"命令以压缩配合关系；执行"编辑配合"命令以弹出"配合"窗格，编辑配合关系，如图22-44所示。

图 22-43 "MateXpert"窗格

图 22-44 编辑配合关系

（5）单击"MateXpert"窗格中的"确定"按钮。使用配合诊断功能一次只分析一个配合组，子装配体配合组的分析不包括对顶层装配体配合组的分析，用户可以在任何子装配体中单独分析配合组，可以根据诊断结果删除或修正没有满足的配合。

22.5.6　装配体统计

SolidWorks 装配体统计功能可以在装配体中生成零部件报告和配合报告。

质量特性是装配体质量属性的统计，可以用于质量计算和力学分析。单击"质量属性"按钮，弹出"质量属性"对话框，便可以统计出该装配体的质量数据，如图 22-45 所示。在统计前一般需要对每个零件设置材料属性，如果某个零件没有设置，SolidWorks 会使用默认的材料属性（密度 1 000 kg/m³）进行计算。

在工具栏的"评估"选项卡中单击"性能评估"按钮 ，弹出如图 22-46 所示的"性能评估"对话框。

从"性能评估"对话框中可以查看装配体文件的统计资料。"性能评估"对话框中各选项的意义如下。

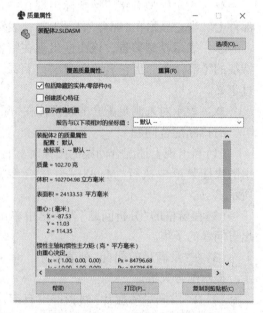

图 22-45 "质量属性"对话框

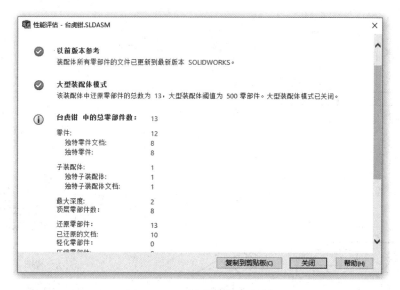

图 22-46　"性能评估"对话框

零件：统计的零件数包括装配体中所有的零件，无论是否被压缩。被压缩的子装配体的零部件不包括在统计中。

子装配体：统计装配体文件中包含的子装配体个数。

还原零部件：统计装配体文件处于还原状态的零部件个数。

压缩零部件：统计装配体文件处于压缩状态的零部件个数。

顶层配合数：统计最高层装配体文件中所包含的配合关系个数。

22.6　项目小结

在 SolidWorks 中对零件进行虚拟装配时常用的命令有接触、对齐、距离、角度等。虽然零件与零件之间的正确装配位置关系通过不完全约束也能实现，但最好使零件之间的装配实现完全约束，但不要过约束，特别是对于零件数量较多的装配体，如果其要实现虚拟仿真运动，必须实现零件之间的完全约束。此外，在对其他零件进行装配位置调整的时候，不完全约束的零件的装配位置极有可能发生变化，需要重新调整，从而降低了工作效率。

要根据给定零件的最终装配图纸和三维模型，快速地将零件正确装配到一起，除了要熟练掌握相关约束命令的操作方法，还要能够迅速分析零件在装配体中的位置及需要使用什么约束命令。此外，虚拟装配顺序应该遵循零件在装配车间的真实装配顺序，这样能够发现产品在设计方面的一些不利于真实装配的因素，从而提高设计效率。

22.7　训练与提高

根据图 22-47 所示的机械手零件图完成其装配体的建立。

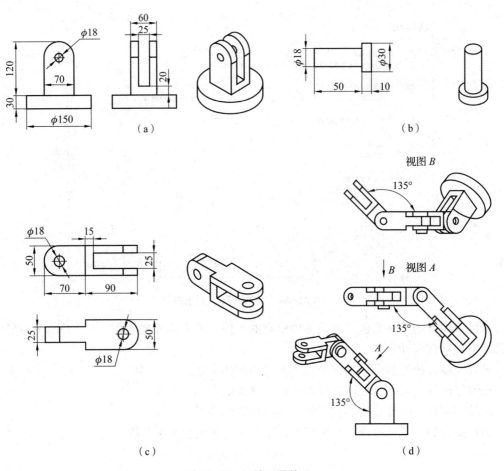

图 22-47 机械手零件图

(a)底座；(b)销轴；(c)机械关节；(d)装配体

项目 23
凸轮机构运动仿真

23.1　学习目标

23.1.1　知识目标

(1)熟悉并理解各种装配约束类型。

(2)掌握自底向上的装配设计方法。

(3)能进行零部件的干涉检查。

扫一扫观看建模视频

23.1.2　能力目标

(1)具有建立装配体的能力。

(2)具有创建运动分析方案的能力。

(3)具有使用装配约束工具的能力。

23.1.3　素质目标

(1)培养善于观察、思考的习惯。

(2)培养手动操作的能力。

(3)培养团队协作、共同解决问题的能力。

23.2　项目展示

图 23-1 为凸轮装配体的三维图，试完成其运动仿真。

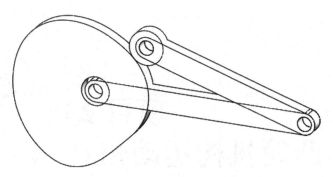

图 23-1　凸轮装配体的三维图

23.3　项目分析

23.3.1　零件背景

凸轮机构是由凸轮、滚子、摆杆和机架四个基本构件组成的高副机构。凸轮是一个具有曲线轮廓或凹槽的构件，一般为主动件，作等速回转运动或往复直线运动。凸轮机构广泛地应用于轻工、纺织、食品、交通运输、机械传动等领域。由于凸轮机构可以实现各种复杂的运动要求，而且结构简单、紧凑，因此其可以准确实现要求的运动规律。

23.3.2　结构分析

凸轮机构的结构比较简单，装配时，可以从底到上依次把各零件装配好。创建该零件的装配体主要用到接触对齐、重合等几种约束方式来确定各组件在装配体中的相对位置，结果如图 23-1 所示。

23.4　项目实施

步骤 1　分别创建各个零件的三维图，分别以机架、摆杆、滚子、凸轮命名。此处省略。

步骤 2　新建装配体。单击"新建"按钮 ，在"新建 SOLIDWORKS 文件"对话框中选择"装配体"模板，单击"确定"按钮。

步骤 3　插入"机架"零件。单击"浏览"按钮，如图 23-2 所示，找到"机架"零件，在绘图建模工作区单击，把机架插入装配环境，如图 23-3 所示。

图 23-2 浏览零件

图 23-3 插入"机架"零件

步骤 4 插入"摆杆"零件，并添加配合。单击"插入零部件"按钮，再单击"浏览"按钮，找到"摆杆"零件，在绘图建模工作区单击，把摆杆插入装配环境，如图 23-4 所示。单击"配合"按钮，分别选中摆杆与机架转动处的圆柱面，从弹出的快捷菜单中选择"同轴心配合"选项（系统已经默认选择该配合），单击"确定"按钮，完成该配合，如图 23-5 所示。

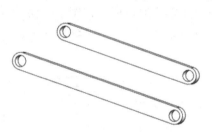

图 23-4 插入"摆杆"零件

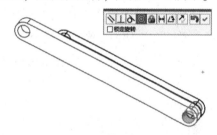

图 23-5 完成摆杆与机架的同轴心配合

再次分别选中机架右端面和摆杆的左端面，从弹出的快捷菜单选择"重合配合"选项（系统已经默认选择该配合），单击"确定"按钮，完成该配合，如图 23-6 所示。

步骤 5 插入"滚子"零件，并添加配合。单击"插入零部件"按钮，再单击"浏览"按钮，找到"滚子"零件，在绘图建模工作区单击，把滚子插入装配环境，如图 23-7 所示。

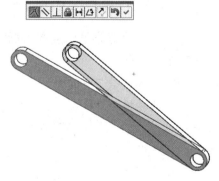

图 23-6 完成摆杆和机架的重合配合

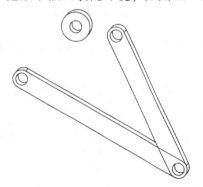

图 23-7 插入"滚子"零件

单击"配合"按钮，分别选中摆杆的内圆柱面和滚子的内圆柱面，从弹出的快捷菜单中选择"同轴心配合"选项，单击最后面的"确定"按钮，完成该配合，如图23-8所示。再次分别选中滚子的左端面和摆杆的左端面，选择"重合配合"选项∧配合（系统已经默认选择该配合），单击"确定"按钮，完成该配合，如图23-9所示。

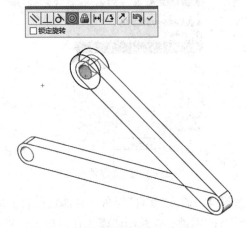

图23-8　完成摆杆和滚子的同轴心配合　　　　图23-9　完成摆杆和滚子的重合配合

步骤6　插入"凸轮"零件，并添加配合。单击"插入零部件"按钮，再单击"浏览"按钮，找到"凸轮"零件，在绘图建模工作区单击，把凸轮插入装配环境，如图23-10所示。分别选中凸轮的左端面和机架的左端面，选择"重合配合"选项∧（系统已经默认选择该配合），单击"确定"按钮，完成该配合，如图23-11所示。

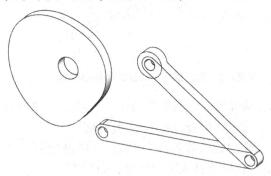

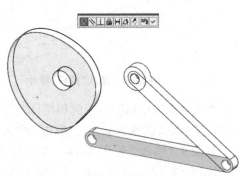

图23-10　插入"凸轮"零件　　　　图23-11　完成凸轮和机架的重合配合

分别选中凸轮的内圆柱面和机架的内圆柱面，从弹出的快捷菜单中选择"同轴心配合"选项，单击最后面的"确定"按钮，完成该配合，如图23-12所示。

步骤7　添加凸轮配合。单击"配合"按钮，选择"机械配合"下的"凸轮"选项，如图23-13所示。在"凸轮槽"中选择凸轮的外圆柱面；在"凸轮推杆"中选择滚子的外圆柱面，单击"确定"按钮，完成凸轮配合，如图23-14所示。

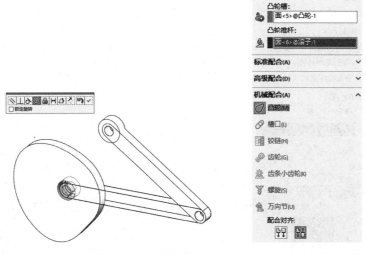

图 23-12　完成凸轮和机架的同轴心配合　　图 23-13　设置凸轮配合的参数

步骤 8　打开"SOLIDWORKS Motion"插件。单击工具栏中的"选项"按钮 ⚙，选择"插件"选项，弹出如图 23-15 所示对话框，勾选"SOLIDWORKS Motion"复选框。

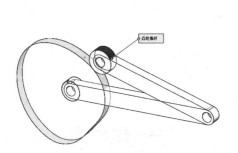

图 23-14　完成凸轮配合

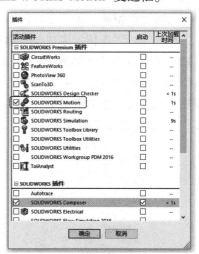

图 23-15　"插件"对话框

步骤 9　进行"SOLIDWORKS Motion"仿真。在装配体界面，单击"布局"选项卡中的"运动算例 1"，在"Motion Manager"工具栏中的"算例类型"下拉列表框中选择"Motion 分析"选项，如图 23-16 所示。

步骤 10　添加马达。单击"Motion Manager"工具栏中的"马达"按钮 🎛，为凸轮添加一个逆时针等速旋转马达，并设置相关参数，如图 23-17 所示。马达位置为凸轮轴孔处，如图 23-18 所示。

图 23-16　"Motion 分析"选项

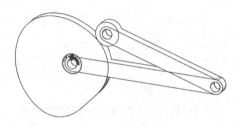

图 23-17　设置马达参数　　　　　　　　图 23-18　马达位置

步骤 11　设置仿真参数。单击"Motion Manager"工具栏中的"运动算例属性"按钮⚙，弹出的"运动算例属性"窗格，如图 23-19 所示。勾选"使用精确接触"复选框，其余参数采用默认设置，单击"确定"按钮，完成仿真参数的设置。

步骤 12　仿真分析 1。单击"Motion Manager"工具栏中的"计算"按钮🖩，进行仿真求解。待仿真自动计算完毕后，单击工具栏中的"结果和图解"按钮🖳，在弹出的"结果"窗格中进行如图 23-20 所示的参数设置。选取摆杆上的任意一个面如图 23-21 所示，单击"确定"按钮，生成摆杆的角位移曲线，如图 23-22 所示。

图 23-19　"运动算例属性"窗格　　　　　图 23-20　"结果"窗格

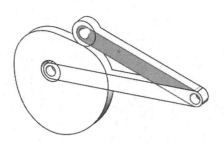

图 23-21　选择摆杆上的面

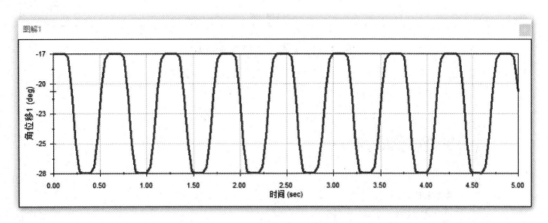

图 23-22　摆杆角位移曲线 1

步骤 13　生成角速度和角加速度曲线。同上一步骤，在前两个下拉列表框中分别选择"角速度"和"角加速度"，在第三个下拉列表框中都选择"Z 分量"，分别得到摆杆的角速度和角加速度曲线，如图 23-23、图 23-24 所示。

步骤 14　添加实体接触。单击"Motion Manager"工具栏中的"接触"按钮 ⊗，弹出"接触"窗格，如图 23-25 所示，在"接触类型"中选择"实体接触"，在"选择"选项区的"零部件"中选择凸轮和滚子，如图 23-26 所示，在"材料"选项区中的"材料名称"下拉列表框中均选择"Steel（Greasy）"，其余参数采用默认设置。单击"确定"按钮，完成实体接触的添加。

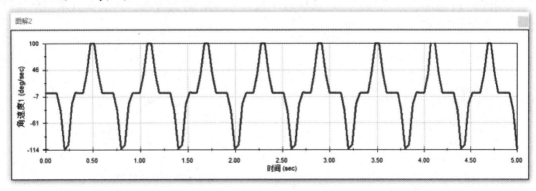

图 23-23　摆杆角速度曲线 1

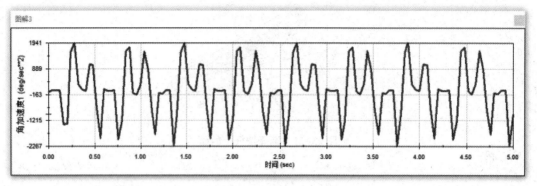

图 23-24　摆杆角加速度曲线 1

图 23-25　"接触"窗格

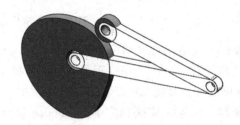

图 23-26　实体接触的两个面

步骤 15　添加引力。单击"Motion Manager"工具栏中的"引力"按钮 ，弹出"引力"窗格，如图 23-27 所示，在"引力参数"选项区中选择"Y 轴"的负方向，其余参数采用默认设置。单击"确定"按钮，完成引力的添加，如图 23-28 所示。

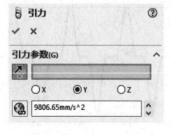

图 23-27　"引力"窗格

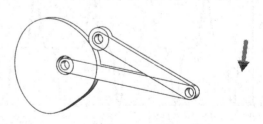

图 23-28　添加引力

步骤 16　仿真分析 2。单击"Motion Manager"工具栏中的"计算"按钮 ，进行仿真求解。待仿真自动计算完毕后系统会自动更新摆杆的角位移、角速度和角加速度曲线，分别如图 23-29、图 23-30 和图 23-31 所示。

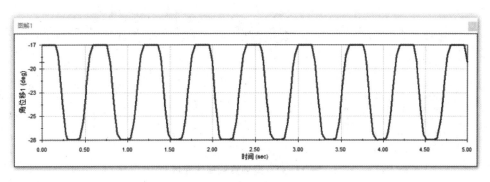

图 23-29　摆杆角位移曲线 2

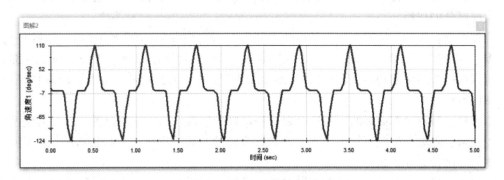

图 23-30　摆杆角速度曲线 2

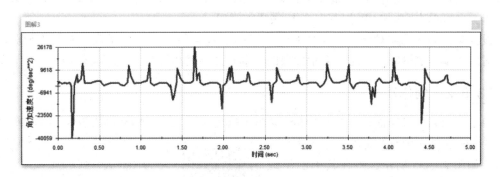

图 23-31　摆杆角加速度曲线 2

23.5　项目拓展

23.5.1　运动算例简介

运动算例可将诸如光源和相机透视图之类的视觉属性融合到运动算例中，模拟并动画演示模型规定的运动。

单击底部标签栏中 按钮可调出运动算例操作面板，如图 23-32 所示，此操作面板是在 SolidWorks 中创建动画的主要操作界面。

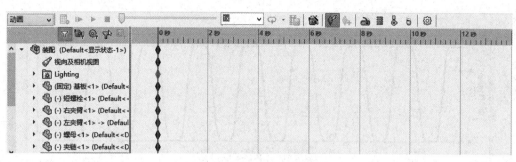

图 23-32　运动算例操作面板

运动算例操作面板主要由动画类型、工具栏、键码区和设计树等主要部分组成，下面介绍各组成部分的作用。

算例类型：从此下拉列表框中可以选择使用"动画""基本运动"和"Motion 分析"三种算例类型。"动画"算例侧重于动画制作；用"基本运动"算例制作动画时考虑了质量等部分因素，可制作近似实际的动画；在使用"Motion 分析"算例动画类型时，考虑了所有物理特性，并可图解运动效果。

工具栏：通过操作面板的工具栏可以控制动画的播放、当前帧的位置，并可为模型添加马达、弹簧、阻尼和接触等物理因素，以对这方面的实际物理量进行模拟（不同算例类型可以使用的动画按钮并不相同）。

键码区：显示不同时间，针对不同对象的键码。键码是模型在某个时间点状态或位置的记录。当工具栏"自动键码"按钮处于选中状态时，用户对模型执行的操作，可自动被记录为键码，也可单击"添加/更改键码"按钮来添加键码。

设计树：为装配体对象、动画对象（如马达）和配合等的列表显示区，其与右侧的键码区是对应的，右侧键码为空时，表示此段时、此对象不发生变化，或不起作用。

23.5.2　制作动画

单击动画算例操作面板工具栏中的"动画向导"按钮 ，弹出"选择动画类型"对话框，如图 23-33 所示，可在其中创建旋转模型、爆炸、解除爆炸（即装配动画）、从基本运动输入运动和从 Motion 分析输入运动等动画类型。主要类型说明如下。

旋转模型：创建绕模型轴向旋转的动画，可用于简单的商品展示。

爆炸：用于创建从装配体到爆炸效果的动画（在创建之前需要先创建爆炸视图）。

解除爆炸：创建爆炸动画的反向动画，同样需要先创建装配体的爆炸视图，常用于模拟模型装配操作。

从基本运动输入运动：由于在"动画"类型的运动算例中很多效果无法模拟（如引

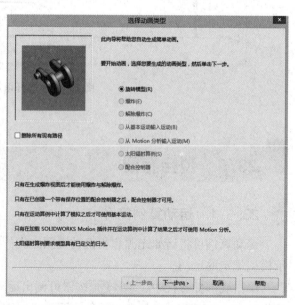

图 23-33　"选择动画类型"对话框

力等），而在"基本运动"算例类型中对关键帧的操作又有一定的限制，所以使用此功能可以将运动算例中生成的动画导入"动画"算例，以进行后续的帧频处理。

从 Motion 分析输入运动：同"从基本运动输入运动"类型。

🛠️ **工程师提示**

在创建爆炸或解除爆炸动画时，应注意爆炸视图中爆炸路径的设置，应尽量避免穿越实体。

23.5.3　零件运动操作

首先在键码区中将当前键置于某个时间点（如 5 s 处，单击即可），并保证"自动键码"按钮 ✔ 处于选中状态，如图 23-34 所示。然后手动拖动零件到某个位置，如图 23-35 所示，松开左键，系统将在当前时间点处自动添加键码，并创建补间动画（单击"播放"按钮 ▶ 可查看动画效果），如图 23-36 所示。

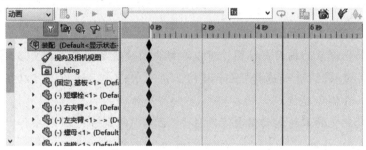

图 23-34　将当前键置于某个时间点

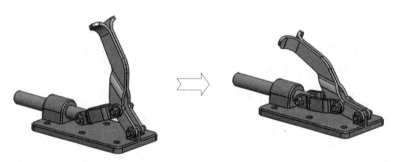

图 23-35　拖动零件

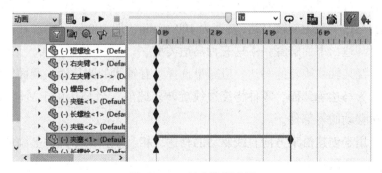

图 23-36　创建补间动画

如想更加精确地控制零件的移动或旋转，在装配体的动画算例中选中"零部件"，在弹出的快捷菜单中选择"以三重轴移动"选项，将在操作界面中显示出用于移动零部件的三重轴，如图 23-37 所示，此时拖动三重轴的各个轴线或径向，对零部件进行操作即可。

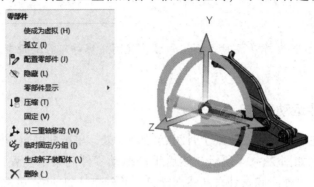

图 23-37　调出三重轴

🔧 工程师提示

　　右击三重轴坐标系的轴面或轴圈，可以在弹出的快捷菜单中选择更多的选项，以更加精确地定义零件偏移的值(如选择"显示旋转三角形 XYZ 框"选项，可以在显示出的框中指定零件旋转的具体角度值)。

　　此外，此处定义的零件运动需要在所添加"配合"的允许范围内操作，否则所加操作将被忽略。

▶ 23.5.4　马达

　　"马达"可令被驱动的对象在"配合"允许的范围内作旋转运动或直线运动，操作时，可设置旋转的速度或直线移动的速度。

　　单击动画算例操作面板工具栏中的"马达"按钮 🔧，选择某个圆柱面等设置马达动力输出的位置，在"运动"选项中设置马达的类型和速度，单击"确定"按钮，即可为选中对象添加默认 5 s 驱动的马达动画。若默认添加了马达与其他零件的"配合"关系，则可在配合允许的范围内，带动其他零部件运动。

　　添加马达后，可通过拖动"键码区"中马达对应的键码来加长或缩短马达运行的时间长度。默认添加的马达类型为旋转马达(转速为 100 r/min，即 100 转/分)，此外也可创建线性马达和路径配合马达，下面解释一下这三种马达类型。

　　旋转马达：绕某轴线旋转的马达，应尽量选择具有轴线的圆柱面、圆面等为马达的承载面，如选择边线为马达承载面，零件将绕边线旋转。此外，当马达位于活动的零部件上时，应设置马达相对移动的零部件。

　　线性马达：用于创建沿某方向直线驱动的马达，相当于在某零部件上添加了一台不会拐弯的发动机，其单位默认为"mm/s"。

　　路径配合马达：此马达只在"Motion 动画"算例中有效，在使用前需要在装配时为机构添加"高级配合"选项下"路径配合"配合，而在添加马达时则需要在"马达"窗格中添加此配合关系为马达位置。

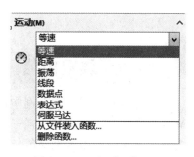

此外，在"马达"的"运动"选项中可以设置等速、距离等多种马达类型，如图 23-38 所示。主要类型说明如下。

图 23-38　"运动"选项

等速：设置等速运动的马达。

距离：设置在某段时间内，马达驱动零部件转多少度或运行多少距离。

振荡：设置零部件以某频率，在某个角度范围内或距离内振荡。

线段：选择此选项后，可打开一对话框，在此对话框中可添加多个时间段，并设置在每个时间段中零件的运行距离或运行速度。

数据点：与"线段"的作用基本相同，只是此选项用于设置某个时间点处的零件运行速度或位移。

表达式：通过添加"表达式"可设置零件在运动过程中变形，也可设置零部件间的相互关系等（其方法与软件开发非常类似，可在函数中引用其他零部件的某个"尺寸值"，此尺寸值位于此零部件某"尺寸"窗格的主要值卷展栏中）。

从文件装入函数和删除函数：用于导入函数或删除函数。

23.5.5　接触

当需要避免两个或多个零部件间发生互相穿越时，可以为其添加"接触"模拟元素。添加"接触"模拟元素后，零件运行过程中如产生碰撞，将带动被碰撞的物体一起运动。

"接触"模拟元素在"基本运动"算例类型中可设置的参数非常少，在操作时只需选择要设置互相接触的零部件即可（如勾选"使用接触组"复选框，可在两个组间添加接触，此时相同组间的接触被忽略）。

在 Motion 中，"接触"模拟元素可设置更多参数，如图 23-39 所示，具体介绍如下。

曲线：单击此按钮后，可以设置两条曲线或零件边线间具有接触特点。

材料：可以选择零部件表面的材料特点，进而通过材料特点自动设置零件表面的摩擦因数，如需要自定义摩擦因数，则需要取消"材料"卷展栏的选择状态。

图 23-39　"接触"模拟元素的设置

弹性属性：可以定义零件受到冲击的弹性系数等参数。

🔧 工程师提示

为避免不必要的运算时间，添加"接触"模拟元素的零部件应尽量少，若必须添加"接触"模拟元素，则应尽量使用"接触组"定义零件间的接触关系。

23.6 项目小结

本项目介绍了运动算例中的"基本运动"和 Motion 的作用和使用方法。"基本运动"和 Motion 比"动画"功能要更强一些，除了马达，其还提供了一些新的动画对象，如弹簧、引力等，其考虑的因素也要多一些，并且可对动画进行分析。

23.7 训练与提高

曲柄滑块机构如图 23-40 所示。应用本项目所学的运动模拟知识完成曲柄滑块机构的运动动画，包括：

（1）生成旋转动画；

（2）生成爆炸动画；

（3）生成物理模拟动画。

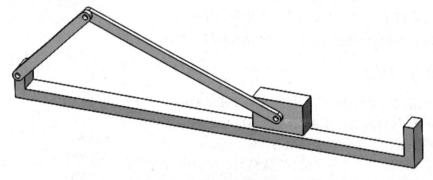

图 23-40 曲柄滑块机构

项目 24
夹紧机构模拟仿真

24.1 学习目标

24.1.1 知识目标

(1)熟悉并理解各种装配约束类型。
(2)掌握各种运动参数的设置。
(3)能进行机构运动分析。
(4)掌握生成装配体爆炸视图的方法。

扫一扫观看建模视频

24.1.2 能力目标

(1)具有建立装配体的能力。
(2)具有进行运动分析的能力。
(3)具有使用装配约束工具的能力。

24.1.3 素质目标

(1)培养善于观察、思考的习惯。
(2)培养手动操作的能力。
(3)培养团队协作、共同解决问题的能力。

24.2 项目展示

图 24-1 为夹紧机构的三维图，试完成其模拟仿真。

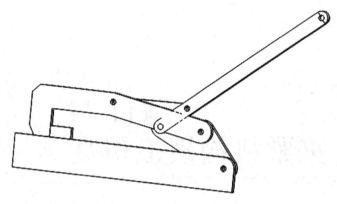

图 24-1　夹紧机构的三维图

24.3　项目分析

24.3.1　零件背景

夹紧机构是工程机械中常用的工具,计算其能够产生的夹持力需要进行比较复杂的力学计算,如果夹紧机构的设计不合理,将会产生构件之间的干涉等问题。

本项目通过夹紧机构的三维造型及其运动模拟,初步判断夹紧机构尺寸的设计是否合理,然后通过修改夹紧机构的设计尺寸,进行仿真模拟,找出在手柄下压力相同时夹紧机构所能够产生的较大夹持力。

24.3.2　结构分析

夹紧机构主要由手柄、支架、枢板、钩头、机架等组成,如图 24-1 所示,弹簧的弹力模拟夹紧机构的夹持力,工作时在手柄上端施加向下的作用力,当作用力足够大时,将能够克服弹簧的弹力而将手柄压下来,此时的弹簧力为夹紧机构所产生的夹持力。

24.4　项目实施

步骤 1　分别创建各个零件的三维图,分别以机架、枢板、手柄、支架、钩头、工件命名。此处省略。

步骤 2　新建装配体。单击"新建"按钮 ⬜,在"新建 SOLIDWORKS 文件"对话框中选择"装配体"模板,单击"确定"按钮。

步骤 3　插入"机架"零件。单击"浏览"按钮,如图 24-2 所示,找到"机架"零件,在绘图建模工作区单击,把机架插入装配环境,如图 24-3 所示。

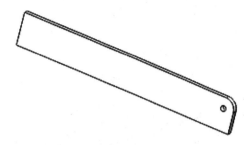

图 24-2　浏览零件　　　　　　　　　图 24-3　插入"机架"零件

步骤 4　插入"枢板"零件，并添加配合。单击"插入零部件"按钮🖇️，再单击"浏览"按钮，找到"枢板"零件，在绘图建模工作区单击，把枢板插入装配环境，如图 24-4 所示。单击"配合"按钮🖇️，分别选中枢板与机架转动处的圆柱面，从弹出的快捷菜单中选择"同轴心配合"选项◎（系统已经默认选择该配合），单击"确定"按钮，完成该配合，如图 24-5 所示。

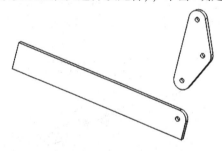

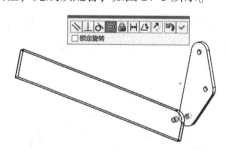

图 24-4　插入"枢板"零件　　　　　图 24-5　完成枢板和机架的同轴心配合

再次分别选中机架右端面和枢板的左端面，从弹出的快捷菜单选择"重合配合"选项⟋（系统已经默认选择该配合），单击"确定"按钮，完成该配合，如图 24-6 所示。

步骤 5　插入"手柄"零件，并添加配合。单击"插入零部件"按钮，再单击"浏览"按钮，找到"手柄"零件，在绘图建模工作区单击，把手柄插入装配环境，如图 24-7 所示。

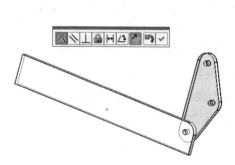

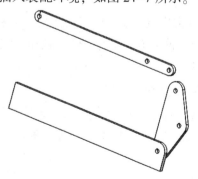

图 24-6　完成枢板和机架的重合配合　　　　图 24-7　插入"手柄"零件

单击"配合"按钮，分别选中手柄的内圆柱面和枢板的内圆柱面，从弹出的快捷菜单中选择"同轴心配合"选项，单击最后面的"确定"按钮，完成该配合，如图 24-8 所示。再次分别选中的枢板的左端面和手柄的右端面，选择"重合配合"选项 ⋏（系统已经默认选择该配合），单击"确定"按钮，完成该配合，如图 24-9 所示。

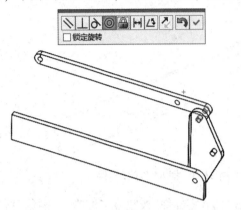

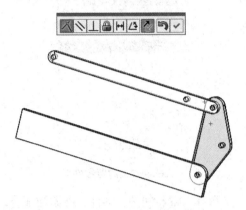

图 24-8 完成手柄和枢板的同轴心配合　　　图 24-9 完成手柄和枢板的重合配合

步骤 6 插入"支架"零件，并添加配合。单击"插入零部件"按钮，再单击"浏览"按钮，找到"支架"零件，在绘图建模工作区单击，把支架插入装配环境，如图 24-10 所示。分别选中手柄的右端面和支架的左端面，选择"重合配合"选项 ⋏（系统已经默认选择该配合），单击"确定"按钮，完成该配合，如图 24-11 所示。

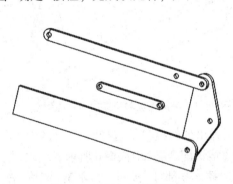

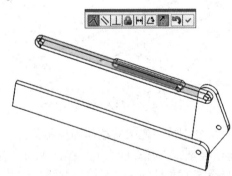

图 24-10 插入"支架"零件　　　图 24-11 完成手柄和支架的重合配合

再次分别选中手柄的内圆柱面和支架的内圆柱面，从弹出的快捷菜单中选择"同轴心配合"选项，单击最后面的"确定"按钮，完成该配合，如图 24-12 所示。

步骤 7 插入"钩头"零件，并添加配合。单击"插入零部件"按钮，再单击"浏览"按钮，找到"钩头"零件，在绘图建模工作区单击，把钩头插入装配环境，如图 24-13 所示。单击"配合"按钮，分别选中钩头的内圆柱面和支架的内圆柱面，从弹出的快捷菜单中选择"同轴心配合"选项，单击"确定"按钮，完成该配合，如图 24-14 所示。

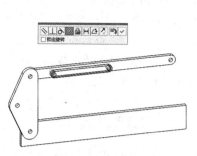

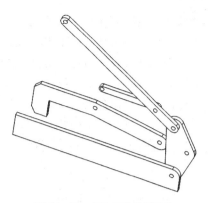

图 24-12 完成手柄和支架的同轴心配合　　　　图 24-13 插入"钩头"零件

再次分别选中钩头的内圆柱面和枢板的内圆柱面，从弹出的快捷菜单中选择"同轴心配合"选项，单击"确定"按钮，完成该配合，如图 24-15 所示。分别选中钩头的右端面和枢板的左端面，从弹出的快捷菜单中选择"重合配合"选项，单击"确定"按钮，完成该配合，如图 24-16 所示。

分别选中的钩头的底面和机架的上端面，从弹出的快捷菜单中选择"重合配合"选项，单击"确定"按钮，完成该配合，如图 24-17 所示。

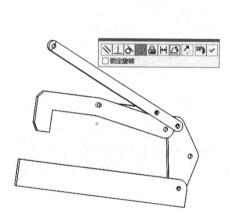

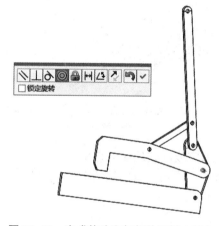

图 24-14 完成钩头和支架的同轴心配合　　　　图 24-15 完成钩头和枢板的同轴心配合

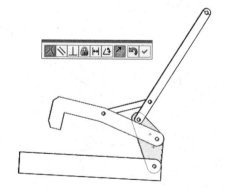

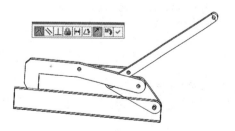

图 24-16 完成钩头和枢板的重合配合　　　　图 24-17 完成钩头和机架的重合配合

步骤 8 插入"工件"零件，并添加配合。单击"插入零部件"按钮，再单击"浏览"按钮，找到"工件"零件，在绘图建模工作区单击，把工件插入装配环境，如图 24-18 所示。单击"配合"按钮，分别选中工件的底面和机架的上端面，从弹出的快捷菜单中选择"重合配合"选项，单击最后面的"确定"按钮，完成该配合，如图 24-19 所示。单击"配合"按钮，分别选中工件的左端面和机架的左端面，从弹出的快捷菜单中选择"重合配合"选项，单击最后面的"确定"按钮，完成该配合，如图 24-20 所示。最后，单击"配合"按钮，分别选中工件的前端面和钩头的后端面，从弹出的快捷菜单中选择"重合配合"选项，单击最后面的"确定"按钮，完成该配合，如图 24-21 所示。

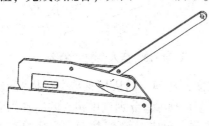

图 24-18　插入"工件"零件

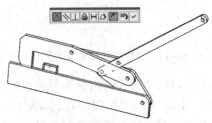

图 24-19　完成工件底面和机架上端面的重合配合

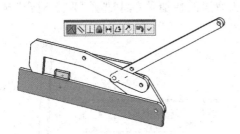

图 24-20　完成工件左端面和机架左端面的
重合配合

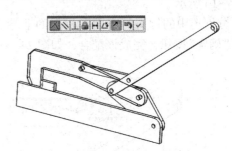

图 24-21　完成工件前端面和钩头后端面的
重合配合

此时完成的装配体的自由度为零，右击将支架与钩头的重合配合压缩，同时为了仿真的顺利进行，将钩头与工件的重合配合压缩，如图 24-22 所示。最后的夹紧机构装配体如图 24-23 所示。

图 24-22　压缩重合配合

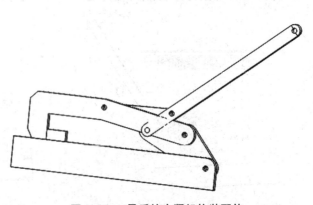

图 24-23　最后的夹紧机构装配体

步骤 9　进行"SOLIDWOKS Motion"仿真。在装配体界面，单击"布局"选项卡中的"运动算例 1"，在"Motion Manager"工具栏中的"算例类型"下拉列表框中选择"Motion 分析"选项。

　　步骤 10　添加压力。单击"Motion Manager"工具栏中的"力"按钮 ↖，弹出"力/扭矩"窗格，如图 24-24 所示。在该窗格中，"类型"选择"力"，"方向"选择"只有作用力"，"作用零件和作用应用点"选择手柄端部的边线，"力的方向"选择手柄中的分割线，改变力的方向使其相对于机架向下。再选择"所选零部件"单选按钮，然后选择"手柄"，"力函数"选择"常量"，在"F₁"文本框中输入"90 牛顿"，单击"确定"按钮，完成始终垂直于手柄的压力的添加，如图 24-25 所示。

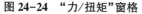

图 24-24　"力/扭矩"窗格

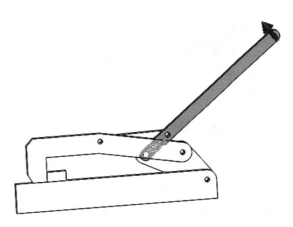

图 24-25　完成压力的添加

　　步骤 11　添加实体接触。单击"Motion Manager"工具栏中的"接触"按钮 ⅋，弹出"接触"窗格，如图 24-26 所示，在该窗格中，"接触类型"选择"实体"，勾选"使用接触组"复选框，"零部件"组 1 中选择钩头，"零部件"组 2 中选择机架和工件，"材料"栏下的"材料名称"下拉列表框均选择"Steel（Dry）"，其余参数采用默认设置。单击"确定"按钮，完成实体接触的添加，如图 24-27 所示。

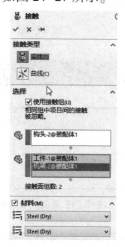

图 24-26　"接触"窗格

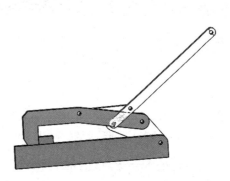

图 24-27　完成实体接触的添加

步骤 12 添加弹簧。单击"Motion Manager"工具栏中的"弹簧"按钮 ≣，弹出"弹簧"窗格，如图 24-28 所示。在该窗格中，"弹簧类型"选择"线性弹簧"，在"弹簧参数"栏内，选中工件的边线与机架倒圆处边线，这时系统会自动计算出弹簧自由长度，在"k"文本框中输入"100.00 牛顿/mm"，其余参数采用默认设置。单击"确定"按钮，完成弹簧的添加，如图 24-29 所示。

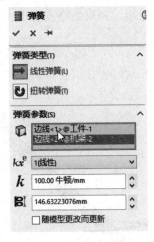

图 24-28 "弹簧"窗格

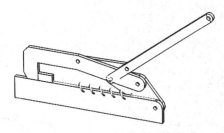

图 24-29 完成弹簧的添加

步骤 13 进行刚度为 100 N/mm 时弹簧的仿真分析。拖动键码，将仿真时间设置为 0.024 s，将播放速度设置为 5 s。单击"Motion Manager"工具栏中的"运动算例属性"按钮 ◎，在弹出的对话框中设置每秒帧数为"5000"。单击"Motion Manager"工具栏中的"计算"按钮 ▦，进行仿真求解。待仿真自动计算完毕后，单击工具栏目的"结果和图解"按钮 ◪，在弹出的"结果"窗格中进行如图 24-30 所示的参数设置。在"选取类别"中选择"力"，在"选取子类别"中选择"反作用力"，选取"线性弹簧1"，单击"确定"按钮，生成刚度为 100 N/mm 时弹簧的反作用力，如图 24-31 所示。

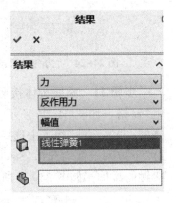

图 24-30 "结果"窗格

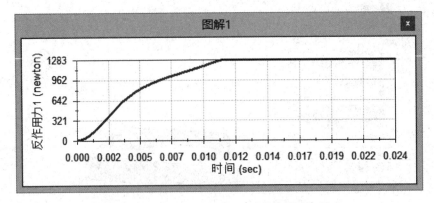

图 24-31 刚度为 100 N/mm 时弹簧的反作用力

步骤 14　进行刚度为 110 N/mm 时弹簧的仿真分析。将时间线拖到零位置，然后右击"线性弹簧 1"，选择"编辑特征"选项，将弹簧刚度修改为 110 N/mm，其余参数不变，单击"确定"按钮，再次单击"计算"按钮 ，进行仿真求解。待仿真自动计算完毕后，更新生成刚度为 110 N/mm 时弹簧的反作用力，如图 24-32 所示。

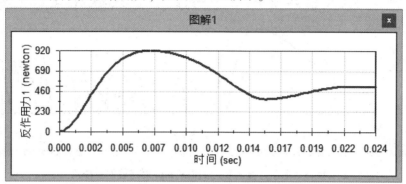

图 24-32　刚度 110 N/mm 时弹簧的反作用力

步骤 15　枢板结构优化。将时间线拖到零位置，在绘图建模工作区中右击枢板，选择"编辑"选项，然后编辑枢板草图，将长度改为 80 mm，角度改为 120°，其余尺寸不变，最后退出草图及零部件编辑，修改后的草图如图 24-33 所示。修改了枢板后的装配体没有装配好，在特征管理器设计树中右击，将机架与钩头、钩头与工件的重合配合解除压缩，待重新装配完成后再将它们重新压缩，便于仿真。重新装配后的夹紧机构如图 24-34 所示。

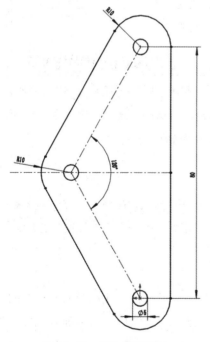

图 24-33　修改后的草图

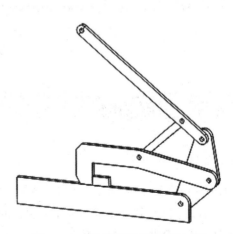

图 24-34　重新装配后的夹紧机构

步骤 16　重新进行刚度为 110 N/mm 时的弹簧仿真分析。将时间线拖到零位置，然后右击"线性弹簧 1"，选择"编辑特征"选项，将"弹簧端点"中已选择的边线消除，重新在绘图建模工作区选取工件的右边线及机架倒圆处边线，其余参数不变，单击"确定"按钮，再次单击"计算"按钮，进行仿真求解。待仿真自动计算完毕后，更新生成刚度为 110 N/mm 时弹簧的反作用力，如图 24-35 所示。

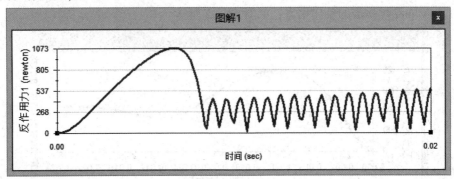

图 24-35　重新计算刚度为 110 N/mm 时弹簧的反作用力

步骤 17　进行刚度为 145 N/mm 时的弹簧仿真分析。将时间线拖到零位置，然后右击"线性弹簧 1"，选择"编辑特征"选项，将弹簧刚度修改为 145 N/mm，其余参数不变，单击"确定"按钮，再次单击"计算"按钮，进行仿真求解。待仿真自动计算完毕后，更新生成刚度为 145 N/mm 时弹簧的反作用力，如图 24-36 所示。

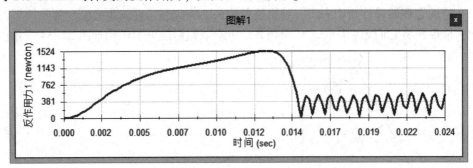

图 24-36　刚度为 145 N/mm 时弹簧的反作用力

24.5　项目拓展

24.5.1　引力

单击操作面板工具栏中的"引力"按钮，弹出"引力"窗格，使用当前坐标系的某个轴线为引力方向，或选择某个参考面定义引力的方向，输入引力值可以为当前装配体添加"引力"模拟元素，如图 24-37 所示。

在定义引力时，有以下两项需要注意：一是一个装配体中只能定义一个引力；二是马达的运动优先于引力的作用（实际上马达代表一个无限大的作用力，所以在使用马达仿真时，即使零件碰到了"接触"的物品，仍然会保持其原有运动）。

24.5.2 弹簧

单击操作面板工具栏中的"弹簧"按钮 ▤，弹出"弹簧"窗格，选择弹簧的作用位置，并设置弹簧参数，可以在作用位置处模拟弹簧，如图24-38所示。

图 24-37 "引力"窗格　　　　图 24-38 "弹簧"窗格

系统默认添加的为"线性弹簧"，也可在"弹簧"窗格中单击"扭转弹簧"按钮以添加"扭转弹簧"。添加扭转弹簧时，只需选择被扭转零部件(活动零部件)的一个面或边线，以确定扭转方向，设置弹簧参数即可。

此外在添加"弹簧"模拟元素时，可以对弹簧常数等很多参数进行设置，这里对主要参数进行解释。

弹簧力表达式指数：弹簧的伸缩力通常呈线性变化，即指数为1，也有呈高阶变化的非线性弹簧。指数越高，弹簧长度的微小变化产生的反作用力越大、越迅速。

弹簧刚度：弹簧受外力变形时，每增加或减少1 cm 的负荷，此值越大，表示弹簧强度越高。

自由长度：弹簧不受外力时的长度。

随模型更改而更新：勾选此复选框后，若弹簧端点面处的模型进行了更新，则弹簧的参数将自动进行相应调整，否则在模型更新后，弹簧的参数保持不变。

阻尼：此选项区用于设置弹簧的阻尼。阻尼是阻碍弹簧来回振动的力，在实际应用时，由于弹簧的作用力通常比此力大得多，因此很多情况下可以不考虑弹簧阻尼。

显示：此选项区用于设置"弹簧"模拟元素的预览形态，没有实际意义，可不必设置。

承载面：此选项区主要用于方便在 Simulation 进行有限元分析(在动画仿真时，可不设置此值)，通过此选项选择的承载面在进行 Simulation 分析时，载荷将分布于选择的面上。

24.5.3 阻尼

单击操作面板工具栏中的"阻尼"按钮 ✎，弹出"阻尼"窗格，如图24-39所示，选择阻尼的作用位置，并设置阻尼参数，可以在作用位置处添加阻尼。

图 24-39　"阻尼"窗格

常见的阻尼，如自动闭门器，还有起"合页"作用的阻尼铰链，其大多为液压阻尼（也有机械式阻尼铰链，机械式阻尼铰链通常是通过弹簧来控制门的开关的）。

需要注意的是，"阻尼"不是"阻力"，也不是由阻力引起的，虽然很多时候可以通过阻尼原理来迟滞零件的运行速度，但是它与阻力是两个概念。从定义上来说，阻尼是指振动系统，由外界作用或系统自有原因引起的振幅逐渐下降的特性。根据阻尼方程式 $F=cv^e$ 可知，阻尼力的大小与速度相关，速度越快，阻尼力越大，c 为阻尼常数，与材料相关。在仿真时用户根据需要对这两个参数的值进行设置即可。

24.5.4　力

单击操作面板工具栏中的"力"按钮，弹出"力/扭矩"窗格，如图 24-40 所示，选择力在零件上的作用面、线或点，再设置力的大小，即可为零件设置一个作用力。

在"力/扭矩"窗格中单击"力矩"按钮，可以为某零件添加力矩（"力矩"多适用于旋转运动，而"力"则多适用于直线运动）。此外，在"方向"选项中单击"作用力与反作用力"按钮，可以在两个零件间添加力与反作用力。

24.5.5　结果和图解

单击操作面板工具栏中的"结果和图解"按钮，弹出"结果"窗格，选择需要分析的类别，如位移、力、能量和动量等，然后根据需要选择模型、模型面、点或之间的配合，单击"确定"按钮，可通过表格或线等形式显示分析数据，如图 24-41 所示。

在"结果"窗格的"图解结果"栏中可以设置生成新图解，也可以将分析结果附加到其他图解表格中，此时原图解表格将进行复合显示。

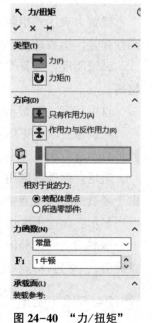

图 24-40　"力/扭矩"窗格

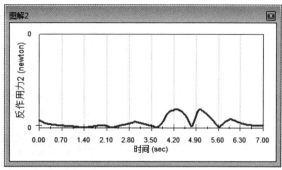

图 24-41   显示分析数据

24.6   项目小结

本项目利用 SolidWorks 软件建立了夹紧机构的三维模型，对机构中各种刚度下的反作用力进行了优化计算，并且进行了机构的优化。

24.7   训练与提高

活塞连杆的运动伴随着较大的加、减速度，对受力构件的强度、耐久性影响很大，易导致振动和噪声。利用 SolidWorks 对如图 24-42 所示活塞连杆机构的运动情况进行模拟仿真，分析活塞连杆机构的运动规律。

图 24-42   活塞连杆

项目 25
托架有限元分析

扫一扫观看建模视频

25.1　学习目标

25.1.1　知识目标

(1)理解静力分析方法。
(2)掌握使用 SOLIDWORKS Simulation 进行简单静力分析的方法。
(3)掌握输出各种分析结果的方法。

25.1.2　能力目标

(1)具有进行静力分析的能力。
(2)具有输出分析结果的能力。
(3)具有生成算例报告的能力。

25.1.3　素质目标

(1)培养善于观察、思考的习惯。
(2)培养手动操作的能力。
(3)培养团队协作、共同解决问题的能力。

25.2　项目展示

图 25-1 为托架零件的二维及三维图,试完成其静力分析。

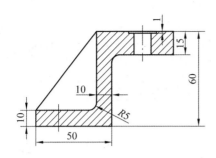

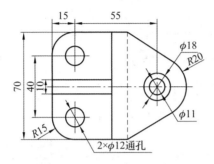
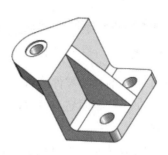

图 25-1　托架零件的二维及三维图

25.3　项目分析

25.3.1　分析背景

零件实体建模好后，用户可以根据不同的要求对零件模型进行相应的处理。比如用户关注零件的力学性能，则可以使用 SolidWorks 的有限元分析工具对零件进行静力学、动力学或者频率分析，甚至进行热力学分析。

25.3.2　零件背景

托架因为起梁的作用，所以也叫托架梁。支承中间屋架的桁架称为托架，托架一般采用平行弦桁架，其腹杆采用带竖杆的人字形体系。

25.4　项目实施

要对零件实体进行有限元分析，可以采用 SolidWorks 的 SOLIDWORKS Simulation 插件工具。要使用该插件工具，可以单击"SOLIDWORKS 插件"命令管理器，如图 25-2 所示。单击"SOLIDWORKS Simulation"命令按钮，这时在菜单栏中会增加一个"Simulation"菜单，同时在命令管理器处生成"Simulation"命令管理器，如图 25-3 所示。

图 25-2 "SOLIDWORKS 插件"命令管理器

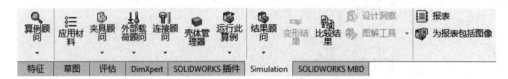

图 25-3 "Simulation"命令管理器

用图 25-1 所示的托架零件进行静力学有限元分析。按照工作要求，将托架的下表面固定在工作台上，$\phi 18$ 的孔的上表面有 1 000 N 的力垂直向下压。

步骤 1 创建托架实体模型(此处省略)。

步骤 2 激活插件。单击"SOLIDWORKS 插件"命令管理器，找到"SOLIDWORKS Simulation"命令按钮并单击激活。

步骤 3 新建静应力分析。单击"算例顾问"下的"新算例"按钮，窗口左边弹出"算例"窗格，选中"静应力分析"，单击"确定"按钮，新建一个"静应力分析 1"，如图 25-4 所示。

🛠 **工程师提示**

> 所谓静态，即只考虑模型在此时间点处的状态，如受力状态、位移效果等，绝对没有动的因素，即使分析的是一个运动的装配体，如链轮、带轮间力矩的传递，也应使用静态的理念进行分析。

步骤 4 赋予材质给零件。单击"应用材料"按钮，弹出"材料"对话框，如图 25-5 所示。选中"合金钢"，单击"应用"按钮，把"合金钢"材料赋予托架零件，然后单击"关闭"按钮，关闭该对话框。

图 25-4 "算例"窗格

步骤 5 新建夹具——固定下表面。单击"夹具顾问"按钮下的"固定几何体"按钮，弹出"夹具"窗格，如图 25-6 所示。选中托架零件的下表面作为固定面，系统在该表面用绿色箭头表示夹具，如图 25-7 所示。

注意：如果用户不想看到固定几何体的约束符号，也可以将其隐藏。单击夹具左边的加号，右击"固定 1"，执行"隐藏"命令，其过程和结果如图 25-8 所示。

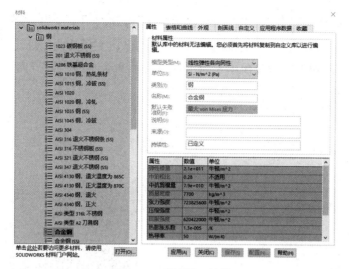

图 25-5 "材料"对话框

图 25-6 "夹具"窗格

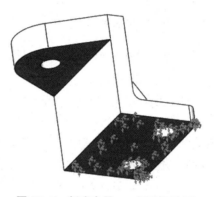

图 25-7 新建夹具——固定下表面

图 25-8 隐藏固定几何体的约束符号

步骤 6 新建载荷——力。单击"外部载荷顾问"按钮 ![icon] 下的"力"按钮 ↓，弹出"力/扭矩"窗格，如图 25-9 所示。选中托架零件右上方的 φ18 的孔的上表面，设置力的大小为 1 000 N，注意其方向朝下，系统在该表面用红色的箭头表示力及其方向，设置好后，结果如图 25-10 所示。

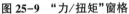

图 25-9 "力/扭矩"窗格

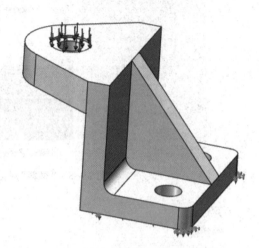

图 25-10 新建载荷——力

步骤 7 生成有限元计算用网格。单击"运行此算例"按钮 ![icon] 下的"生成网格"按钮 ![icon]，使用默认参数，生成的网格如图 25-11 所示。

步骤 8 运行此算例。单击"运行此算例"按钮，弹出"静应力分析"对话框显示计算的过程。

步骤 9 查看算例结果。计算完成后，"静应力分析 1"属性树如图 25-12 所示。可以看到系统采用彩色条的方式显示结果。双击某个结果，在绘图建模工作区中就显示它。例如，图 25-13 所示为"应力 1（vonMises）"的应力分析图，图 25-14 所示为"位移 1（合位移）"的位移分析图，图 25-15 所示为"应变 1（等量）"的应变分析图。

图 25-11 生成网格

图 25-12 "静应力分析 1"属性树

步骤 10 生成报表。单击"Simulation"命令管理器中的"报表"按钮 ![icon]，选择要包含在报表中的内容，并填入标题信息，设定生成报表的位置，如图 25-16 所示，然后单击"出版"

按钮，软件会自动生成 Microsoft Word 文档，双击可查看文档。

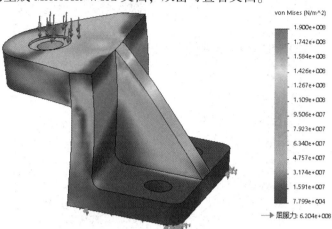

图 25-13　"应力 1（vonMises）"的应力分析图

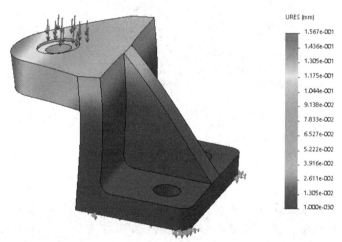

图 25-14　"位移 1（合位移）"的位移分析图

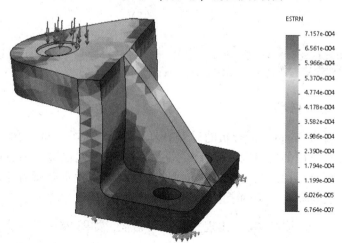

图 25-15　"应变 1（等量）"的应变分析图

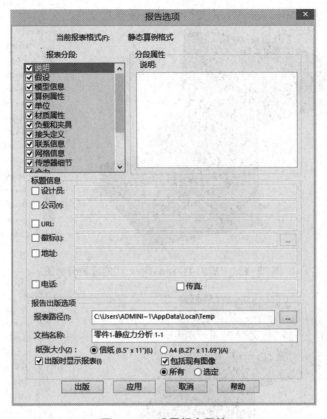

图 25-16　设置报表属性

⚒ **工程师提示**

如果"应力"颜色条下面未显示出当前材料的屈服力,可单击"Simulation"—"选项",打开"系统选项"对话框,在"普通"—"结果图解"栏目中勾选"为 vonMises 图解显示屈服力标记"复选框即可。

25.5　项目拓展

25.5.1　自定义材料

定义材料是在进行 Simulation 分析的过程中必不可少的步骤,材料决定了零件的各项性能,同一个零件定义不同的材料则会分析出不同的结果,因此在进行 Simulation 分析时必须定义正确的材料。而且,用户在设计时也有可能在材料库中找不到所需性能的材料,所以,有必要对如何自定义材料有一定的了解。

(1)单击"应用材料"按钮，出现"材料"对话框,如图 25-17 所示。再单击"自定义材料"—"塑料"—"自定义塑料",在"材料"对话框中出现材料属性编辑界面。

(2)在"材料属性编辑"对话框中用户可以对材料的模型类型、单位、类别、名称及属性等进行编辑。

如果材料库中自带的"自定义材料"不够用，用户还可以自行添加新材料，过程如下。

（1）在材料库中右击，执行"新库"命令，出现"另存为"对话框，输入材料名称，单击"保存"按钮，保存材料，如图 25-18 和图 25-19 所示。

（2）在新库中建立"新类别"文件夹。右击"新材料"，执行"新类别"命令，"新材料"文件夹下会出现"新类别"文件夹，如图 25-20 所示。

图 25-17　"材料"对话框

图 25-18　建立新库

图 25-19　"另存为"对话框

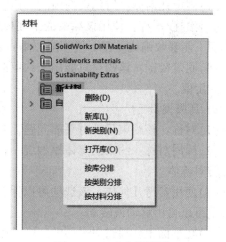

图 25-20　建立新类别

（3）在"新类别"文件夹下建立"默认"材料。右击"新类别"文件夹，执行"新材料"命令，软件会自动在"新类别"文件夹下建立一个名为"默认"的新材料，单击"默认"材料，用户可以对其各种参数进行设置，如图 25-21 和图 25-22 所示。当然，用户可以对所有新建的文件夹和材料进行重命名，以便归类查找。

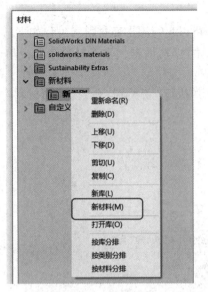

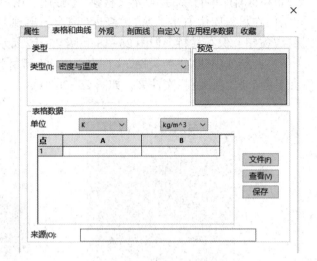

图 25-21　建立新材料　　　　　　　图 25-22　编辑新材料参数

25.5.2　夹具

对实体进行结构分析时,实体模型必须有正确的约束条件,使其无法移动。SolidWorks软件为用户提供了各种用于约束实体模型的夹具,其中包括标准夹具和高级夹具两大类。一般来说,夹具能够应用到实体模型的顶点、边、面。夹具的类型和属性如下。

1)标准夹具

(1)固定几何体:所约束的顶点、边、面不能进行平移和旋转运动。

(2)滚柱/滑杆:使用该约束的平面能够自由地在该平面上移动,或者该平面在外载荷的作用下能够收缩或扩张,但不能作垂直于该平面的运动。

(3)固定铰链:该约束只能用来约束绕轴运动的圆柱面,该圆柱面的半径和长度在外载荷下为定值。

2)高级夹具

(1)对称:该约束只针对平面问题,它能够允许平面内位移和绕平面法线的转动。

(2)圆周对称:约束的实体模型绕一特定轴周期性旋转时,其中加载该约束的面可以形成旋转对称体。

(3)使用参考几何体:该选项可以保证约束只在所选的点、线、面的方向上,而在其他方向上可以自由移动或转动。

(4)在平面上:通过对平面的三个主方向进行约束,可沿选定方向进行约束条件设置。

(5)在圆柱面上:与"在平面上"相似,但圆柱面的三个主方向是在柱坐标系下定义的。

(6)在球面上:该选项与"在平面上"和"在圆柱面上"相似,但球面的三个主方向是在球坐标系下定义的。

例如,右击"夹具",如图 25-23 所示,执行"高级夹具"—"圆周对称"命令,弹出"夹具"窗格,如图 25-24 所示。

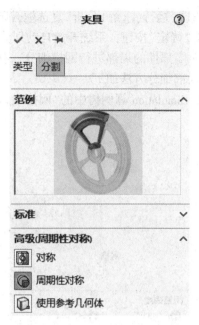

图 25-23　右击"夹具"　　　　　　　　图 25-24　"夹具"窗格

25.5.3　外部载荷

约束完成后,需要向实体加载外部载荷,该载荷由用户在设计的过程中确定,SolidWorks 软件为用户提供了多种用于加载到实体模型上的载荷。一般来说,外部载荷可以加载到顶点、线或面上。以下介绍 SolidWorks 软件提供的各种载荷的类型。

(1)力:根据所选边、轴线、面确定力的方向,对一个点、边或面施加外部载荷,且只有在壳单元中才能施加力。

(2)力矩:适用于圆柱面,按右手定则确定所施加力矩的方向。

(3)压力:主要是对平面施加的压力,可以是定力或变力。

(4)引力:给指定的实体模型施加线性加速度。

(5)离心力:给指定的实体模型施加角速度和加速度。

(6)轴承载荷:在两个相互接触的圆柱面之间定义轴承载荷。

(7)远程载荷/质量:主要传递法向载荷。

(8)分布质量:主要用于加载到面上,以便模拟被压缩实体模型的质量。

25.5.4　划分网格

网格的划分是指将模型划分为许多具有简单形状的小块(有限单元),这些小块通过节点连接在一起。网格的质量决定了有限元分析的精确度,网格质量由网格类型、网格参数和局部网格控制几个因素保证。划分网格的操作方法如下。

(1)在 Simulation 算例树中右击"网格",或者单击"Simulation"工具栏中运行的向下箭头,执行"生成网格"命令,弹出的"网格"窗格如图 25-25 所示。

(2)拖动"网格密度"选项区中的滑块,设置网格的大小和公差。若要精确指定网格的大小和公差,可在"网格参数"选项区进行相应设置。

（3）若勾选"运行（求解）分析"复选框，则在划分完网格后系统将自动进行运算求解。

（4）单击"确定"按钮，系统开始自动划分网格。

如果要对零部件的局部进行网格细分，有时候需要用户手动控制网格的细分程度。手动控制网格的局部细分方法如下。

（1）右击 Simulation 算例树中的"网格"，执行"应用网格控制"命令，如图 25-26 所示。

图 25-25 "网格"窗格

图 25-26 执行"应用网格控制"命令

（2）弹出的"网格控制"窗格如图 25-27 所示。单击所选实体选项区中右侧的显示框，然后在模型中选择要手动控制网格的几何实体。

（3）在"网格参数"选项区中进行相应的参数设置。其中，% 右侧的数值是指相邻两层网格的放大比例。

（4）单击"确定"按钮，Simulation 算例树中将出现控制图标色。

🔧 工程师提示

需要注意的是，在有限元分析中，网格存在应力的奇异性，对于尖角处的网格，随着网格的逐步细化，所得出的应力值也会越来越大。这主要是因为，根据弹性理论，在尖角处的应力应该是无穷大的，但是有限元模型不会产生一个无穷大的应力，而是会将此应力分散到邻近单元中。因此，在进行有限元分析时，如果对边界处或邻近区域的应力感兴趣，应为其设置圆角，否则由于模型的自身问题，所得出的分析数据与实际值会有很大差异。

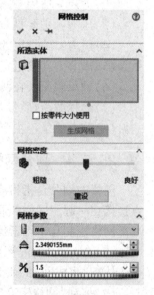

图 25-27 "网格控制"窗格

25.5.5　读取结果

为了方便用户查看分析结果，SOLIDWORKS Simulation 插件提供了多种查看结果的方式，用户可以根据自身的需要来选择不同的查看方式。以下简单地介绍几种常用的结果查看方式。

1）比较结果

（1）右击"结果"，执行"比较结果"命令，如图 25-28 所示。出现"比较结果"窗格，如图 25-29 所示。

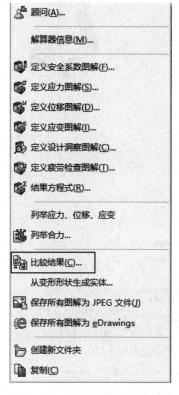

图 25-28　执行"比较结果"命令

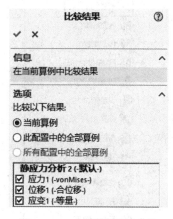

图 25-29　"比较结果"窗格

（2）勾选"应力""位移""应变"三个复选框，单击"确定"按钮，绘图区会将这三种结果同时显示出来，便于用户查看，如图 25-30 所示。

（3）单击"退出比较"按钮，返回到比较前的界面。

2）动画

动画可以查看实体模型动态的变形过程，方便用户了解实体模型的特点。下面以"应力1"为例进行介绍。

（1）右击"应力 1"，执行"动画"命令，如图 25-31 所示。弹出"动画"窗格，如图 25-32 所示。

（2）调节"速度"滑块，可以改变实体模型变形的快慢，方便用户观察。

（3）如果想保存此动画，用户可以勾选"保存为 AVI 文件"复选框，并可单击"浏览"按钮，选择动画文件的保存位置。

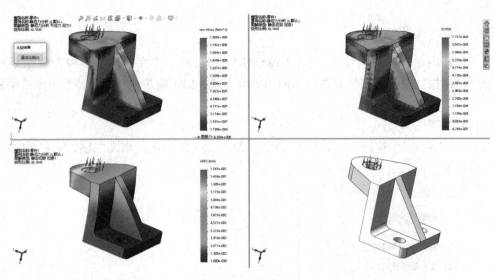

图 25-30   比较结果

图 25-31   执行"动画"命令

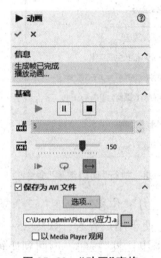

图 25-32   "动画"窗格

🔧 **工程师提示**

　　仿真结果以科学计数法来标识数字，为取得正常数值，"+"表示可将小数点右移，"−"表示可将小数点左移，后面是移动的位数。

　　此外，仿真后的图示位移往往不是模型的默认位移，右击算例树中的"位移"结果项，在快捷菜单中执行"编辑定义"命令，弹出"位移图解"窗格，在"变形形状"选项区中选中"真实比例"单选按钮，可以在模型上显示真实的位移。

3）截面剪裁

如果遇到某些比较复杂的实体模型，并且想知道其内部某些位置的应力、位移、应变等数据，用户可以使用截面剪裁方式查看结果。这里仍以"应力1"为例进行介绍。

（1）右击"应力1"，执行"截面剪裁"命令，如图25-33所示。弹出"截面"窗格，如图25-34所示。

（2）单击"反转剪裁方向"按钮，反转剪裁方向，便于用户查看。

（3）拖动箭头，调整合适的剪裁位置。

（4）单击"确定"按钮，完成截面剪裁，如图25-35所示。

图 25-33 执行"截面剪裁"命令

图 25-34 "截面"窗格

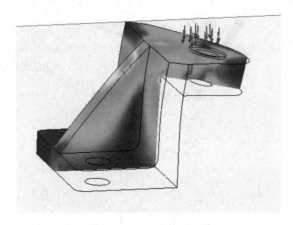

图 25-35 完成截面剪裁

25.6　项目小结

SOLIDWORKS Simulation 是与 SolidWorks 完全集成的设计分析系统。它提供了单一显示器解决方案来进行应力分析、频率分析、扭曲分析、热分析和优化分析，凭借着快速解算器的强有力支持，使用户能够使用个人计算机快速解决大型问题。SOLIDWORKS Simulation 提供了多种捆绑包，可满足各项分析需要。

25.7　训练与提高

试对轴承座模型(图 25-36)进行静应力分析。在进行分析之前对模型有以下几个假设：

(1)轴承座的材料选用为铸造合金钢，轴承座用四个螺栓固定，螺栓对底座的约束视为固定铰链，该约束限制底座平移，但不限制其转动。

(2)轴承座底面受到基础的约束为滚柱支承，该约束限制底座垂直方向移动，但不限制平面方向移动。

(3)轴承座受到的载荷为轴承施加在圆柱面上的载荷，方向竖直向下。

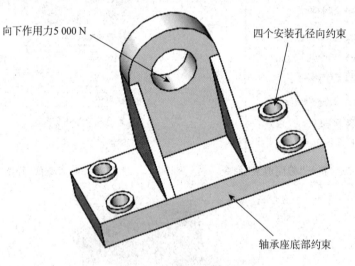

图 25-36　轴承座模型

附录 拓展案例

案例1 中国结

1 学习目标

（1）理解绘制 3D 草图的操作。
（2）掌握生成扫描特征的操作。

2 拓展案例

附图 1-1 为中国结三维图，试在 SolidWorks 中完成其建模。

附图 1-1 中国结三维图

3 案例意义

3.1 案例主题

文化传承，感恩教育。

3.2 案例背景

中国结是一种手工编织工艺品，它所显示的情致与智慧正是汉族古老文明中的一个缩影。中国结原本是旧石器时代的缝衣打结，后发展至汉朝的仪礼记事，再演变成今日的装饰手艺。周朝人随身的佩戴玉常以中国结为装饰，而战国时代的铜器上也有中国结的图案，延续至清朝中国结才真正成为盛传于民间的艺术。当代多用来作为室内装饰、亲友间的馈赠礼物及个人的随身饰物。因为其外观对称精致，可以代表汉族悠久的历史，符合中国传统装饰的习俗和审美观念，所以命名为中国结。中国结代表着团结、幸福、平安，特别是在民间，它精致的做工深受大众的喜爱。

4 案例实施

步骤1 绘制草图1。选择"上视基准面"，绘制如附图1-2所示的草图1，并标注尺寸。

步骤2 新建基准面。单击"参考几何体"按钮，选择"基准面"，"第一参考"选择"上视基准面"，在"偏移距离"文本框中输入"17.32"，生成新的基准面。

步骤3 绘制草图2。选择"新建基准面"，单击"转换实体引用"按钮，绘制如附图1-3所示的草图2，并标注尺寸。

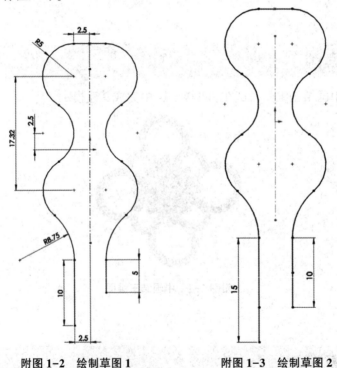

附图1-2 绘制草图1　　　　　附图1-3 绘制草图2

步骤4 绘制3D草图。单击"草图绘制"按钮，再单击"3D草图"按钮，单击"样条曲线"按钮，绘制如附图1-4所示的3D草图。

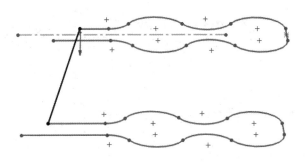

附图 1-4 绘制 3D 草图

步骤 5 修改 3D 草图样式 1。正视于"右视基准面",修改样条曲线的形状,添加"控制条"和"草图"的"共线"约束关系,修改后的 3D 草图样式 1 如附图 1-5 所示。

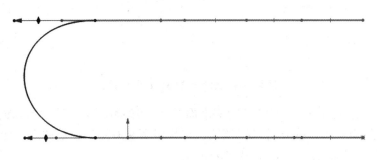

附图 1-5 修改后的 3D 草图样式 1

步骤 6 绘制草图 3。单击"直线"按钮,绘制如附图 1-6 所示的草图 3。单击"样条曲线"按钮,绘制如附图 1-7 所示的样条曲线,并标注尺寸。

步骤 7 修改 3D 草图样式。修改样条曲线的形状,添加"控制条"和"草图"的"共线、垂直"约束关系,修改后的草图样式 2 如附图 1-8 所示。

步骤 8 套合 3D 草图。单击"样条曲线"按钮,执行"套合样条曲线"命令,取消勾选"闭合的样条曲线"复选框,生成套合的 3D 草图。

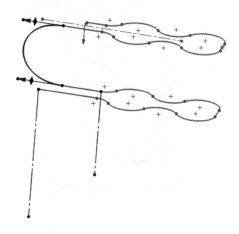

附图 1-6 绘制草图 3

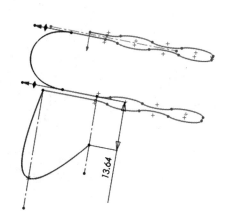

附图 1-7 绘制样条曲线

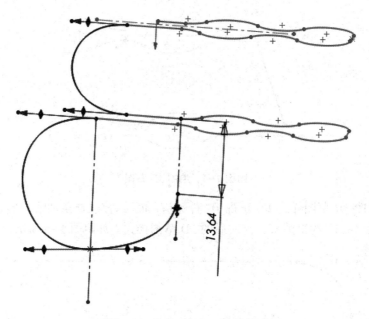

附图 1-8　修改后的 3D 草图样式 2

　　步骤 9　绘制扫描截面。选择"前视基准面"，绘制如附图 1-9 所示的扫描截面。

　　步骤 10　扫描实体。单击"扫描"按钮，选择步骤 9 所绘的扫描截面，选择步骤 8 所绘的 3D 草图，生成扫描实体，如附图 1-10 所示。

　　步骤 11　建立基准轴。选择"右视基准面"，生成完全圆角，如附图 1-11 所示。选择"右视基准面"和"点"，生成基准轴，如附图 1-12 所示。

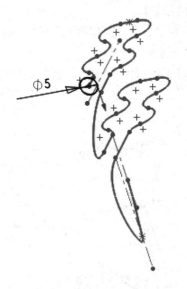

附图 1-9　绘制扫描截面

附图 1-10　生成扫描实体

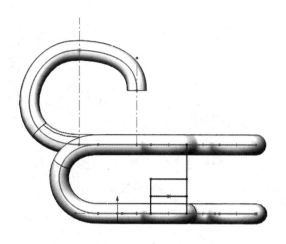

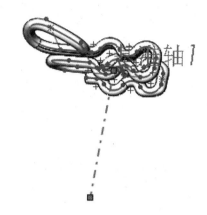

附图 1-11 生成完全圆角

附图 1-12 生成基准轴

步骤 12 圆周阵列实体。单击"圆周阵列"按钮，选择步骤 11 所绘的基准轴，选择实体阵列，生成圆周阵列实体，如附图 1-13 所示。

步骤 13 添加外观。选择"Display Manager"，对中国结添加外观，添加外观后的实体如附图 1-14 所示。

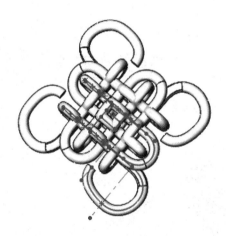

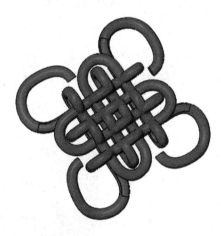

附图 1-13 生成圆周阵列实体

附图 1-14 添加外观后的实体

案例 2
水杯

1　学习目标

（1）理解生成旋转特征的操作。

（2）掌握生成扫描特征的操作。

2　拓展案例

附图 2-1 为水杯的三维图，试在 SolidWorks 中完成其建模。

附图 2-1　水杯的三维图

3 案例意义

3.1 案例主题

红色传承，百年经典。

3.2 案例背景

2021 年 7 月 1 日是中国共产党成立 100 周年纪念日。100 年前的那艘小小红船承载着人民的重托、民族的希望，越过急流险滩，穿过惊涛骇浪，已成为领航中国行稳致远的巍巍巨轮。

4 案例实施

步骤 1 绘制草图 1。选择"前视基准面"，绘制如附图 2-2 所示的草图 1，并标注尺寸。

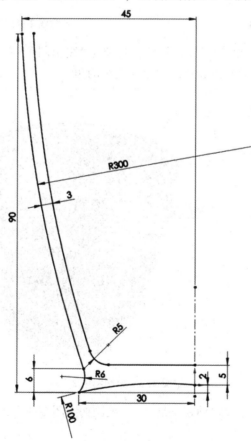

附图 2-2 绘制草图 1

步骤 **2**   生成旋转特征。单击"旋转"按钮,选择旋转截面,生成水杯主体,如附图 2-3 所示。

步骤 **3**   绘制圆角 1。单击"圆角"按钮,选择水杯的底边,如附图 2-4 所示,生成 3 mm 的圆角。

附图 2-3   水杯主体

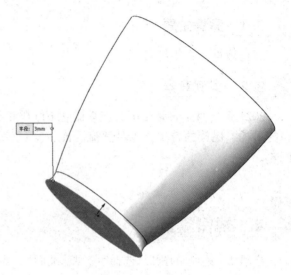

附图 2-4   绘制圆角 1

步骤 **4**   绘制圆角 2。单击"圆角"按钮,再单击"完全圆角"按钮 🔲,分别选择水杯的内、外表面和上表面,如附图 2-5 所示,生成完全圆角。

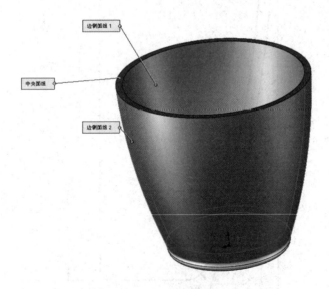

附图 2-5   绘制圆角 2

步骤 **5**   绘制草图 2。选择"前视基准面",绘制如附图 2-6 所示的草图 2,并标注尺寸。

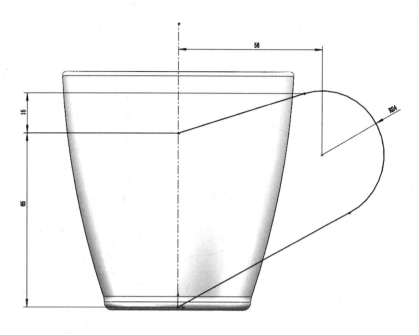

附图 2-6 绘制草图 2

步骤 6 绘制草图 3。选择"右视基准面",绘制如附图 2-7 所示的草图 3,并标注尺寸。添加椭圆圆心,其与图 2-7 所示草图的约束关系为"穿透" ，如附图 2-8 所示。

步骤 7 生成扫描特征。单击"扫描"按钮,再选择"扫描截面"和"扫描路径",如附图 2-9 所示,生成扫描特征。

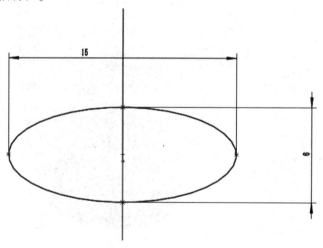

附图 2-7 绘制草图 3

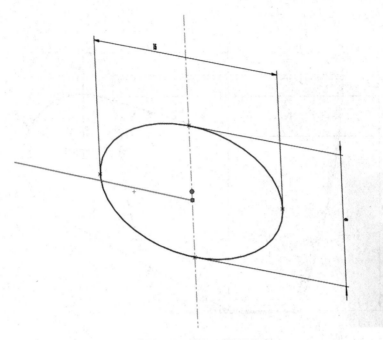

附图 2-8　添加"穿透"约束

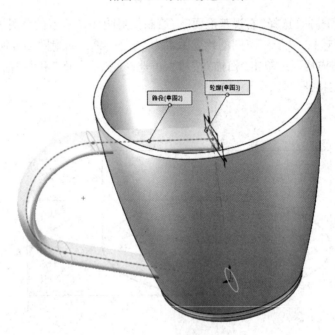

附图 2-9　扫描特征

步骤 8　删除面。执行标签命令下的"曲面"命令，再单击"删除面"按钮 ⬚ ，选择水杯中多余的曲面，如附图 2-10 所示，单击"确定"按钮删除曲面，结果如附图 2-11 所示。

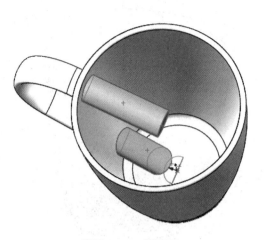

附图 2-10　删除面

附图 2-11　删除面后的水杯

步骤 9　绘制圆角 3。单击"圆角"按钮，选择水杯的手柄处的边线，如附图 2-12 所示，生成 3 mm 的圆角。

附图 2-12　绘制圆角 3

步骤 10　移除切边。单击菜单栏中的"选项"按钮⚙，再单击"显示/选择"按钮，在"零件/装配体上切边显示"选项区中选择"移除"单选按钮，如附图 2-13 所示。单击"确定"按钮，移除切边后的水杯如附图 2-14 所示。

零件/装配体上切边显示
○ 为可见(V)
○ 为双点画线(P)
◉ 移除(M)

附图 2-13　移除切边　　　　　附图 2-14　移除切边后的水杯

步骤 11　插入图片。选择"前视基准面"，单击"工具"—"草图工具"—"草图图片"，选择要插入的图片，如附图 2-15 所示，并修改图片的位置、大小及透明度，完成图片的插入，如附图 2-16 所示。

附图 2-15　插入图片　　　　　附图 2-16　完成图片的插入

步骤 12　绘制草图 4。使用绘图工具，完成草图 4 的绘制，如附图 2-17 所示。

步骤 13　拉伸切除草图。单击"拉伸切除"按钮，在"从"选项区中选择"曲面/面/基准面"选项，并选择水杯的外表面，设置"拉伸切除的深度"为"2mm"，单击"确定"按钮生成拉伸切除特征，如附图 2-18 所示。

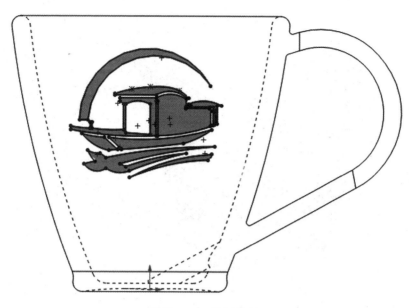

附图 2-17 绘制草图 4

附图 2-18 拉伸切除特征

步骤 14 添加文字。再次选择"前视基准面",单击草绘命令中的"文字"按钮,输入相应的文字,得到的水杯如附图 2-19 所示。

附图 2-19　添加文字

步骤 15　添加外观。选择"Display Manager"，对水杯添加外观，添加外观后如附图 2-20 所示。

附图 2-20　添加外观

案例 3
长征运载火箭

1 学习目标

（1）理解装配体操作。
（2）掌握爆炸视图操作。

2 拓展案例

附图 3-1 为"长征二号 F"运载火箭三维图，试在 SolidWorks 中完成其建模。

附图 3-1 "长征二号 F"运载火箭三维图

3 案例意义

3.1 案例主题

大国重器,科技强国。

3.2 案例背景

长征二号 F 运载火箭(代号:CZ-2F,简称:长二 F,绰号:神箭)是中国航天科技集团公司所属中国运载火箭技术研究院抓总研制的一种大型两级捆绑助推器运载火箭,是中国载人飞船运载火箭。长征二号 F 运载火箭是在长征二号 E 捆绑火箭的基础上,按照发射载人飞船的要求,以提高可靠性,确保安全性为目标研制的运载火箭。该火箭由四个液体助推器、芯一级火箭、芯二级火箭、整流罩和逃逸塔组成。火箭首次采用垂直总装、垂直测试和垂直运输的"三垂"测试发射模式。长征二号 F 运载火箭自 1992 年开始研制,1999 年 11 月 20 日首次发射并成功将中国第一艘实验飞船"神舟一号"送入太空。长征二号 F 运载火箭多次成功发射神舟系列飞船,已成为中国长征系列运载火箭家族中的"明星"火箭。

长征二号 F 运载火箭的组成如附图 3-2 所示。

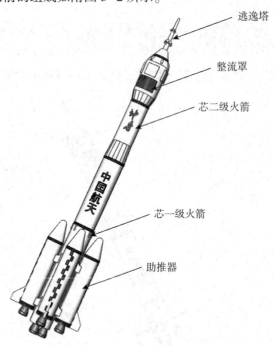

附图 3-2　长征二号 F 运载火箭的组成

4　案例实施

步骤 1　插入逃逸塔。单击"插入零部件"按钮，选择"逃逸塔"零件，放置在合适的位置，如附图 3-3 所示。

步骤 2　插入整流罩。单击"插入零部件"按钮，选择"整流罩"零件，放置在合适的位置，如附图 3-4 所示。

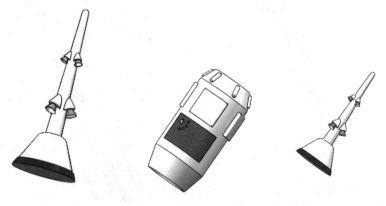

附图 3-3　插入"逃逸塔"零件　　　　附图 3-4　插入"整流罩"零件

步骤 3　添加配合 1。添加逃逸塔和整流罩的"重合"和"同轴心"配合，装配后的模型如附图 3-5 所示。

步骤 4　添加配合 2。同理，单击"插入零部件"按钮，选择芯二级火箭和芯一级火箭零件，放置在合适的位置。添加"重合"和"同轴心"配合，装配后的模型如附图 3-6 所示。

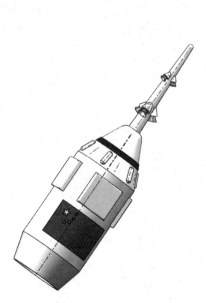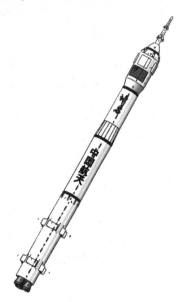

附图 3-5　添加配合 1　　　　　　附图 3-6　添加配合 2

步骤 5 插入助推器并添加配合 3。单击"插入零部件"按钮，选择助推器零件，放置在合适的位置，添加"重合"和"距离"配合，装配后的模型如附图 3-7 所示。

步骤 6 圆周阵列助推器。单击"圆周零部件阵列"按钮，选择助推器零件，阵列数量为 4，装配后的模型如附图 3-8 所示。

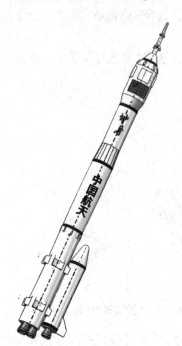

附图 3-7　添加配合 3

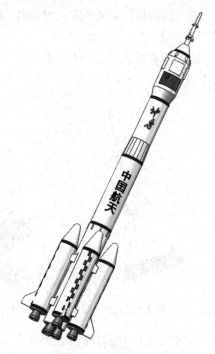

附图 3-8　圆周阵列助推器

参考文献

［1］姜海军. SolidWorks 2020 项目教程［M］. 北京：电子工业出版社，2020.

［2］DS SOLIDWORKS 公司. SolidWorks 钣金件与焊件教程［M］. 北京：机械工业出版社，2022.

［3］李延民，李大磊，牛鹏辉. SolidWorks 工程实用技能［M］. 北京：化学工业出版社，2016.

［4］赵天学，刘庆. SolidWorks 项目化教程［M］. 北京：北京理工大学出版社，2021.

［5］赵罘. SolidWorks 2014 中文版机械设计从零开始［M］. 北京：电子工业出版社，2014.

［6］王天虎，胡其登. SolidWorks 实战教程［M］. 北京：机械工业出版社，2014.

［7］刘鸿莉，吕海霆. SolidWorks 机械设计简明实用基础教程［M］. 北京：北京理工大学出版社，2017.

［8］何强. SolidWorks 2014 中文版从入门到完整工程实例设计与仿真［M］. 北京：电子工业出版社，2014.

［9］北京兆迪科技有限公司. SolidWorks 快速入门教程［M］. 北京：机械工业出版社，2023.

［10］张忠将. SolidWorks 2016 高级应用教程［M］. 北京：机械工业出版社，2017.

［11］叶鹏，金国华，江思敏. SolidWorks 2014 机械设计基础与实例教程［M］. 北京：机械工业出版社，2016.

［12］詹迪维. SolidWorks 2015 实例宝典［M］. 北京：机械工业出版社，2015.

［13］姜海军. SolidWorks 项目教程［M］. 上海：复旦大学出版社，2010.

［14］鲍仲辅，吴任和. SolidWorks 项目教程［M］. 2 版. 北京：机械工业出版社，2019.

［15］郭晓霞. SolidWorks 产品设计项目化教程［M］. 西安：西安电子科技大学出版社，2021.

［16］张伟华. SolidWorks 三维建模项目教程［M］. 北京：中国铁道出版社，2022.

［17］云杰漫步 CAX 设计教研室. SolidWorks 2012 机械设计入门与实战［M］. 北京：人民邮电出版社，2013.

［18］北京兆迪科技有限公司. SolidWorks 钣金设计实例精解［M］. 北京：中国水利水电出版社，2014.

［19］DS SOLIDWORKS 公司. SolidWorks 工程图教程［M］. 北京：机械工业出版社，2019.

［20］胡仁喜，刘昌丽. SolidWorks 2022 中文版钣金、焊接、管道与布线从入门到精通［M］. 北京：机械工业出版社，2022.

［21］叶鹏. SolidWorks 2014 机械设计基础与实例教程［M］. 北京：机械工业出版社，2016.